Angelika Sust

Unsere ersten Bienen

Ulmer

Inhalt

Beeindruckende Welt der Bienen

Passen Bienen zu uns?

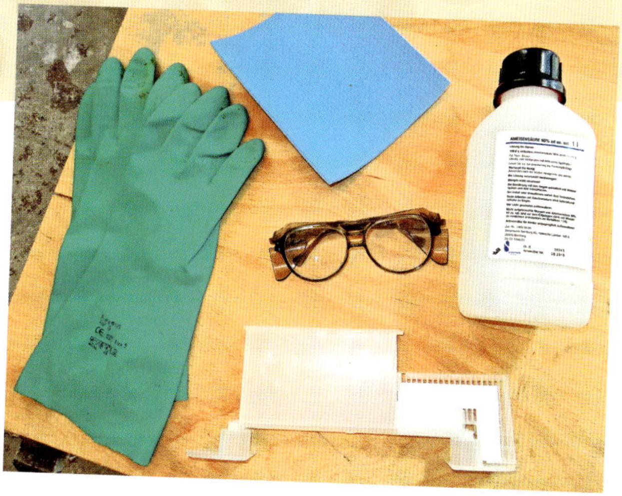

Schutz und Gesundheitspflege

Mit den Bienen durchs Jahr

Vorwort

Sie beflügeln uns, stacheln uns an, bringen uns zum Schwärmen und versüßen unser Leben. Bienen sind faszinierend! Seit Jahrmillionen leben sie in einem perfekt funktionierenden Volkszusammenhang, treffen Entscheidungen auf hochdemokratische Weise und sorgen als zielsichere Bestäuber für die Fruchtbarkeit unseres Planeten.

Lassen Sie sich anstecken von 30 000 tatkräftigen Haustieren! Sie werden viel von ihnen lernen und mit anderen Augen durch die Welt, durch Natur und Jahreszeiten gehen. Ihr eigener, selbst geernteter Honig wird der leckerste Honig der Welt sein und ganz nebenbei tun Sie noch etwas für Ihre Gesundheit. Mit einem Bienenstock holen Sie sich eine ganze Apotheke nach Hause. Nicht nur Honig, alle Bienenprodukte sind wertvoll und gesund: Pollen, Wachs, Propolis, Stockluft – selbst das Bienengift!

Und wenn Sie abends abgeschlagen vom Alltag am Flugloch sitzen und tief durchatmen, ist das wohltuende Entspannung pur: Sie saugen den warmen, süßen Bienenduft ein, lauschen dem Summen, kommen zur Ruhe, beobachten und staunen.

Wenn eifrige Arbeitsbienen erschöpft sind, werden sie von ihren Stockgenossinnen „vollgetankt" und mit energiereichem Honig gefüttert.

Beeindruckende Welt der Bienen

Um Honigbienen zu halten, brauchen Sie ein gewisses Sachwissen über ihre Lebensweise. Nur so können Sie einschätzen, was Ihre neuen Haustiere brauchen. Das Schöne daran: Alles, was Sie von den Bienen und über sie lernen, wird Sie begeistern!

»

Bienensachbücher sind für mich inzwischen so spannend wie ein guter Roman. Bevor ich mit der Imkerei anfing, haben mich die beiden CDs über Bienen von Jürgen Tautz ‚Der Bien – Superorganismus Honigbiene' ganz besonders beeindruckt.

Biene, Hummel & Co.

Wenn wir von Bienen reden, meinen wir meist die heimische Westliche oder Europäische Honigbiene, *Apis mellifera*. Doch es gibt etwa 30 000 Bienenarten auf der Erde. Fast alle sind Wildbienen, wie die Pelz-, Sand- und Mauerbiene oder die Hummel. Von der Honigbiene existieren weltweit nur neun Arten.

Allein unterwegs: Wildbienen

Wildbienen sehen ganz unterschiedlich aus. Manche tragen einen dicken Pelz, andere sind auffällig gestreift oder klein, zierlich und unscheinbar. Sie leben meistens solitär und die befruchteten Weibchen kümmern sich alleine um den Nachwuchs. Hummeln machen dabei eine Ausnahme, sie bilden Staaten und legen Futtervorräte an. Ein Hummelvolk kann aus 50 bis mehreren Hundert Hummeln bestehen, die einen Sommer lang leben.

Mit ihrem dicken Pelz fliegen Hummeln auch bei unter 10 °C, den Honigbienen ist das noch zu kalt.

Staatenbildende Honigbienen

Honigbienen können einzeln nicht überleben. Als soziale oder staatenbildende Insekten arbeiten alle Mitglieder wie ein ausgeklügelter Organismus eng zusammen. Nur so kann das Volk den Winter mit genügend Honigvorräten überstehen und sich im nächsten Jahr gut entwickeln und vermehren. Im „Stockdunklen" kommunizieren Honigbienen auf vielerlei Weise miteinander, unter anderem über Düfte, Berührungen und Schwingungen des Wabenbaus. Die bekannteste Kommunikationsform der Bienen ist ihre Tanzsprache, mit der sich Kundschafterinnen zum Beispiel über die Lage der nächsten Futterquelle oder eines geeigneten neuen Nistplatzes verständigen.

Gut zu wissen
Acht Honigbienenarten leben in Asien und eine, *Apis mellifera*, stammt ursprünglich aus Europa und Afrika. Der Mensch verbreitete sie über den gesamten Globus und sie spielt nun in der weltweiten Imkerei die größte Rolle.

Der Bien

Weil das Bienenvolk nur als Ganzes überleben kann, wird es oft als ein einziger Organismus begriffen und seit dem 19. Jahrhundert „der Bien" genannt. Viele Imker und Bienenwissenschaftler gehen noch weiter: Für sie gehört auch das von den Bienen „ausgeschwitzte" und gebaute Wabenwerk aus Bienenwachs zum Lebewesen Bienenvolk dazu. Im Hohlraum der Bienenwohnung dient es als Stützgerüst und ist zugleich Kinderstube, Vorratskammer und Tanzboden.

Ein Blick in die Bienenkiste zeigt sehr eindrücklich den Bien. Das ganze Bienenvolk lebt in einem großen Hohlraum, den die Bienen nach und nach mit ihrem Wabenwerk ausgebaut haben.

Biene im Wespenkostüm

Sicherlich haben Kinderbuchklassiker wie „Die Biene Maja" dazu beigetragen: Wenn wir eine Biene malen, greifen wir fast immer zu den Farben Schwarz und Gelb. Dabei ist die schwarz-gelbe Färbung typisch für Wespen. Honigbienen haben einen braunen Körper mit schwarzen Streifen im hinteren Bereich. Manche Rassen wie die Buckfast-Biene tragen zudem einen orangefarbenen Ring am Hinterleib.

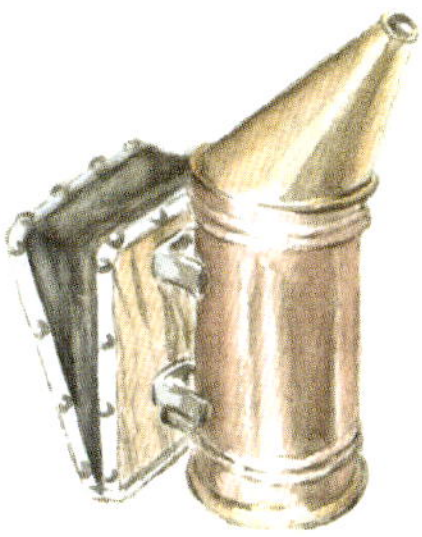

Wer lebt im Bienenstaat?

Ein Bienenvolk besteht im Sommer aus 25 000 bis 40 000 Bienen, im Winter schrumpft es auf 6 000 bis 8 000 Individuen zusammen. Im Volk leben hauptsächlich Arbeiterinnen, eine Königin und von April bis Spätsommer 200 bis 2 000 männliche Bienen, die Drohnen.

Die Königin hat einen auffällig langen, leicht rötlichen Hinterleib. Ein „Hofstaat" aus Arbeiterinnen füttert, pflegt und betastet sie. Der rote Punkt wurde dieser Königin vom Imker aufgemalt, damit er sie leichter finden kann.

Die Königin – Mutter aller Bienen

Die Königin, auch Weisel genannt, ist die Mutter aller Bienen im Volk. Als Jungkönigin geht sie nach ein paar Orientierungsflügen bis zu dreimal auf Hochzeitsflug. Dabei durchfliegt sie hoch oben in der Luft sogenannte Drohnensammelplätze und wird von rund 15 Drohnen aus anderen Völkern begattet. Der im länglichen Hinterleib gespeicherte Samenvorrat hält ein ganzes Königinnenleben lang: drei bis fünf Jahre!

Damit alle Bienen im Stock stets ihre Anwesenheit spüren und das Volk zusammengehalten wird, gibt die Königin Sekrete, sogenannte Pheromone, über spezielle Drüsen ab. Ein Volk ohne Königin ist verloren. Man sagt dann, es ist weisellos.

Nach der Begattung verbringt sie fast ihr ganzes Leben im Inneren des Stocks. Sie sichert der Kolonie den Fortbestand, indem sie – bis auf eine kurze brutfreie Zeit im Winter – immerzu Eier legt. Im Frühjahr schafft sie bis zu 2 000 am Tag, das ist mehr als ihr eigenes Körpergewicht! Befruchtet sie das Ei mit Sperma aus ihrem Samenvorrat, wird daraus eine Arbeiterin. Unbefruchtete Eier entwickeln sich zu Drohnen.

Die eigentliche Fortpflanzung findet bei den Honigbienen durch Teilung des Bienenvolkes im Mai/Juni statt (Seite 72), das Schwärmen. Dann zieht die Königin mit einem Teil ihres Volks in eine neue Behausung um.

Ein demokratischer Staat

Auch wenn wir Menschen der Stockmutter den Titel „Königin“ verpasst haben, hat sie nicht das Sagen. Bei den Bienen weiß jedes einzelne Tier, was zu tun ist. Und stehen Entscheidungen an, werden sie demokratisch getroffen.

Auffällig bunt

Manche Imker malen der Königin einen farbigen Punkt auf, um sie leichter zu finden. Außerdem verrät die Kennzeichnung das Geburtsjahr der Weisel. Da sie maximal fünf Jahre lebt, gibt es fünf Farben: weiß (2016), gelb (2017), rot (2018), grün (2019) und blau (2020).

Drohnen haben keinen Stachel und können auf die Hand genommen werden.

Drohnen – groß, laut, tollpatschig

Wenn ungefähr ab April Drohnen im Volk schlüpfen, wird es laut! Keine andere Biene fliegt mit einem solch tiefen Brummton. Mit ihren langen, herabhängenden Beinen wirken Drohnen im Flug ziemlich schwerfällig und plump. Sie sind deutlich breiter als Arbeiterinnen und als Neuimker könnte man schnell vermuten, man habe die Königin entdeckt. Typisch an den Drohnen sind ihre großen Augen – ideal, um eine Jungkönigin beim Hochzeitsflug auszumachen. Aber nur die kräftigsten und schnellsten Drohnen erreichen die fliegende Queen – und bezahlen ihre Fitness mit dem Leben: Bei der Begattung reißt sich der Drohn den Begattungsapparat heraus und stirbt. Stürzt er nicht auf diese Weise tot vom Himmel, wird er von seinen Schwestern bei der „Drohnenschlacht" im Spätsommer (Seite 84) aus dem Stock geworfen und verhungert. Ein Drohnenleben dauert durchschnittlich vier bis sechs Wochen.

Nutzlose Honigfresser?

Drohnen können keinen Honig herstellen oder andere bienentypische Arbeiten verrichten und sie lassen sich gern füttern. Als „Begatter" spielen sie für andere Völker eine Rolle, nicht jedoch für das eigene Volk. Trotzdem ist ihre Funktion sehr bedeutend, denn sie sorgen für die Erweiterung des Genpools in der Umgebung des Volkes und somit für ein Überleben der Honigbiene an sich! Übrigens können Drohnen als einzige Bienen ungehindert in jedem fremden Bienenstock ein- und ausgehen.

Arbeiterin – geschäftig und wandlungsfähig

Die Arbeiterin ist das kleinste Bienenwesen im Volk und sie erledigt die meisten Aufgaben. Eine Sommerbiene durchläuft in ihrem meist drei- bis höchstens sechswöchigen Leben mehrere „Berufe" und entfernt sich dabei immer weiter von ihrer Geburtsstätte.
Zuerst reinigt sie als Putzbiene Brutzellen. Mit voll ausgebildeten Futtersaftdrüsen wird sie Ammenbiene und füttert die Brut. Danach nimmt sie Sammelbienen Nektar ab, stampft Pollen in die Zellen oder dichtet Ritzen im Stock mit Propolis ab. Dann entwickeln sich kurzzeitig Wachsdrüsen in ihrem Hinterleib, mit denen sie hauchdünne Wachsplättchen ausschwitzt und als Baubiene das Wabenwerk baut. Im Alter von ungefähr 20 Tagen verteidigt sie als Wächterin das Flugloch oder fächelt mit ihren Flügeln warme Stockluft nach außen. Erst ganz am Ende ihres Lebens übernimmt die inzwischen erfahrene Arbeiterin die gefährlichste aller Aufgaben: Sie wird Sammelbiene und sucht im Umkreis von bis zu 5 km nach Pollen, Nektar, Honigtau, Wasser oder Propolis.

Flexible Karriere

Je nach Bedarf können auch bereits junge Arbeiterinnen zu Sammlerinnen werden und bei den älterem bilden sich erneut Futtersaft- oder Wachsdrüsen aus, sobald Ammen- oder Baubienen im Volk benötigt werden.

Faule Winterbienen leben länger

Ab Spätsommer schlüpfen im Volk die Winterbienen. Sie schonen sich und müssen viel Pollen fressen, um ein gutes Fett-Eiweiß-Polster aufzubauen. Mit diesem „Winterspeck" können sie rund vier bis sechs Monate leben. Die Winterbienen sorgen dafür, dass das Volk samt Königin durch die kalte Jahreszeit kommt, und kümmern sich im nächsten Frühjahr um die erste Brut.

Von wegen immer fleißig!
Auch eine Sommerbiene tut manchmal gar nichts und ruht sich in einer leeren Zelle aus, schlendert durch den Stock oder schläft geschützt in einem Blütenkelch. Wenn sie wenig Arbeit hat und keine Brut mit Futtersaft füttern muss, kann selbst eine Sommerbiene mehrere Monate alt werden.

Diese Arbeiterin ist eine Pollensammlerin. Andere Sammlerinnen sind für Nektar oder Honigtau zuständig oder holen Wasser oder Propolis.

Vom Ei zur Biene

Die Entwicklung der drei Bienenwesen dauert unterschiedlich lang: Die Königin schlüpft bereits nach 16 Tagen, die Arbeiterin nach 21 Tagen als fertiges Insekt. Der Drohn braucht 24 Tage dazu. Deswegen gehen Varroamilben gern in Drohnenbrutzellen, um ihre eigene Brut aufzuziehen (Seite 106).

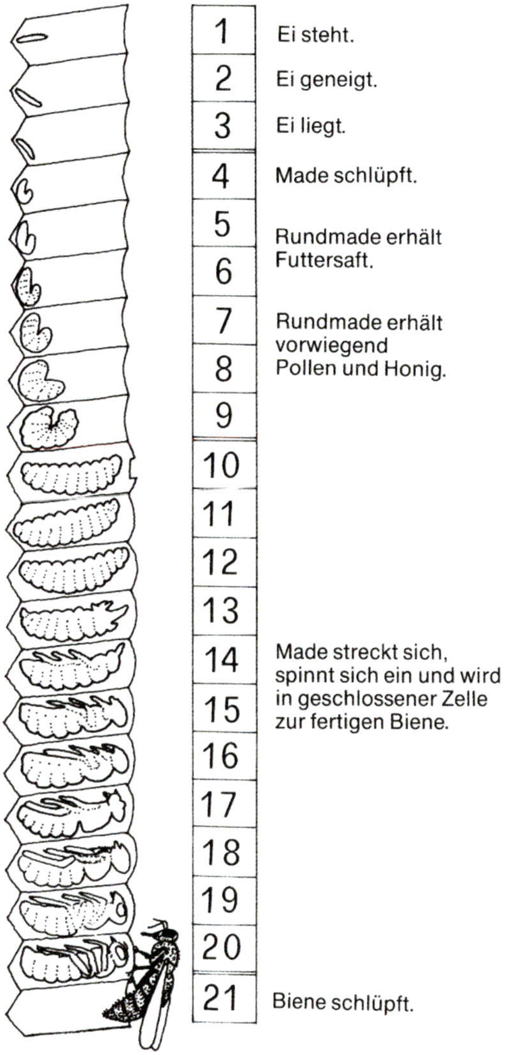

Entwicklung einer Arbeiterin:
Aus dem Ei entsteht nach drei Tagen eine Larve: Zuerst liegt sie als Rundmade am Zellboden und wird weitere drei Tage lang mit dem sehr nährstoffreichen Futtersaft gefüttert, danach mit Pollen und Honig.
Nur die Königin bekommt im gesamten Larvenstadium den besonderen Futtersaft, der deswegen auch Gelée Royale genannt wird.
Nach vier Häutungen entwickelt sich die Rundmade zur Streckmade. Die Zelle wird nun mit einem luftdurchlässigen Wachsdeckel verschlossen (verdeckelt).
Im Zellinneren verpuppt sich die Made und die Metamorphose beginnt.
Nach 21 Tagen ist die Arbeitsbiene voll entwickelt, nagt den Zelldeckel auf und schlüpft.

Von der Königin bestiftete Zellen: Eier (Stifte) am Zellboden.

Rundmaden in verschiedenen Stadien im Futtersaft.

Verdeckelte Arbeiterinnenbrut (links) und Drohnenbrut (rechts) mit den typisch buckelförmigen Wachsdeckeln.

Drohnen- und Arbeiterinnenbrut
Drohnen und Arbeiterinnen werden in waagrechten Zellen aufgezogen. Brutzellen für Drohnen sind etwas größer als die der Arbeiterinnen. Außerdem können Sie verdeckelte Drohnenbrut gut an den buckelförmigen Wachsdeckeln erkennen.

Königinnen- oder Weiselzellen hängen wie eine Erdnuss meist am unteren Rand der Wabe.

Brutnest, Pollen- und Honigkranz

Es ist wichtig zu wissen, wie Bienen natürlicherweise eine Brutwabe aufbauen: Unten und im Zentrum befindet sich das meist ovale Brutnest mit Arbeiterinnenbrut. Werden Drohnen aufgezogen, liegen diese größeren Zellen wie eine flache Wanne seitlich und vor allem unterhalb der Arbeiterinnenbrut. Um die Brut direkt mit Pollen und Honig versorgen zu können, schließen ein Ring aus pollengefüllten Zellen, der Pollenkranz, und ein weiterer Ring aus honiggefüllten Zellen, der Honigkranz, das Brutnest nach oben hin ab.

Auf dieser Wabe ist das Brutnest mit Pollen- und Honigkranz gut erkennbar.

Bienen bedeuten viel mehr als Honig

Ohne Bienen könnten wir schlichtweg nicht überleben! Sie bestäuben 80 % der Kulturpflanzen, die wir täglich essen. Neben Obst und Gemüse sind das auch Nüsse, Gewürze und Pflanzenöle. Deswegen ist die Biene – nach dem Rind und dem Schwein – unser drittwichtigstes Nutztier.

Bienenbestäubung führt nicht nur zu mehr, sondern auch zu größeren und schwereren Früchten mit einem höheren Fruchtzuckeranteil.

Ein perfektes Team: Bienen und Blüten

Über Jahrmillionen haben sich Bienen und Blütenpflanzen perfekt aneinander angepasst. Früher waren alle Pflanzen grün, ohne Duft und ohne Farbe. Doch im Laufe der Evolution entdeckten die Pflanzen, dass summende „Liebesboten“ ihnen bei der Fortpflanzung dienlich sind. Um ihre kleinen Helfer anzulocken, entwickelten sie betörende Düfte, reizvolle Signalfarben und Nektar.

Will eine Biene an das mineral- und zuckerreiche Flüssigfutter gelangen, kommt sie mit Blütenstaub (Pollen) der männlichen Geschlechtsorgane der Pflanze in Berührung. Der Pollen bleibt im Haarkleid hängen und wird beim Besuch der nächsten Blüte auf das weibliche Geschlechtsteil der Pflanze, die Narbe, abgestreift. Es folgt die Befruchtung und aus der Blüte entsteht eine Frucht.

Gut zu wissen
Der Mehrertrag, den die Landwirtschaft durch die Bienenbestäubung erwirtschaftet, beträgt ungefähr 2,5 Milliarden Euro. Darin ist die Bestäubung der Wildpflanzen nicht enthalten – diese Leistung ist unbezahlbar!

Blütenpollen, der in ihrem Haar hängen bleibt, bürstet die Biene zum Transport in ihre „Pollenhöschen".

Natürliche Wegweiser

Da Bienen auch im UV-Bereich sehen können, tragen manche Blüten für uns unsichtbare Saftmale. Sie weisen der Biene den Weg zum Nektar. Manche Blüten wechseln die Farbe ihres Saftmals, sobald sie befruchtet sind.

Blütenstete Sammlerin

Im Gegensatz zur eher zufälligen Windbestäubung ist die Bestäubung durch die Bienen punktgenau und wesentlich erfolgreicher. Dabei bestäubt kein Lebewesen so effektiv wie die Honigbiene. Sie sammelt solange Nektar oder Pollen von ein und derselben Blüte, bis die Tracht erschöpft ist, das heißt, eine Honigbiene ist blütenstet. Auch Wildbienen und andere Insekten sind bedeutsame Bestäuber. Sie aber wechseln beim Sammeln häufig die Blütenart und der für die Frucht- und Samenbildung der Pflanze wichtige Pollen geht verloren.

Alles hängt zusammen

Wir haben den Bienen nicht nur ein reichhaltiges Nahrungsangebot zu verdanken, sondern auch eine vielfältige Natur. Ohne die Bienen würden zahlreiche Nutz-, Zier- und Wildpflanzen verschwinden, deren Beeren, Früchte und Samen Futter und Lebensgrundlage für Vögel, kleine Säugetiere und Kleinstlebewesen sind. Die Tiere sorgen dafür, dass die Pflanzensamen an anderer Stelle ausgeschieden werden: Eine neue Pflanze wächst heran und der fruchtbare Kreislauf beginnt von vorne.
Eine ertragreiche Landwirtschaft kommt nicht ohne Artenvielfalt aus. Pflanzen bilden besonders viele Früchte und Samen aus, wenn es viele verschiedene Bestäuber gibt: Dazu gehören neben den Honigbienen vor allem die Wildbienen, aber auch Fliegen, Käfer und Schmetterlinge.

Gesundes aus dem Bienenstock

Ein weiterer guter Grund, mit der Bienenhaltung anzufangen: Sie bestäuben nicht nur ein Drittel unserer Nahrung und stellen den begehrten, süßen Honig her. Bienen liefern uns eine ganze Palette an wertvollen und wohltuenden Produkten!

Wenn der Honig reif ist, wird er von den Bienen mit einem luftundurchlässigen Wachsdeckel verschlossen. Übrigens produziert eine Biene im Laufe ihres Lebens ungefähr einen Teelöffel Honig. Das ganze Bienenvolk schafft dagegen bis zu 300 kg im Jahr. Größtenteils verbraucht es seinen Honigvorrat selbst – beim Verrichten der verschiedenen Arbeiten im Stock oder zum Wärmen der Wintertraube. Der Imker erntet pro Jahr und Volk in der Regel zwischen 15 und 30 kg.

Honig

Das bekannteste Bienenprodukt ist natürlich der Honig. Er besteht zu rund 70 % aus Fructose und Glucose (Frucht- und Traubenzucker) sowie aus wertvollen Mineralstoffen, Enzymen, Vitaminen und Aminosäuren. Honig stärkt unsere Abwehrkräfte, fördert die Blutbildung sowie die Verdauung, wirkt wohltuend und beruhigt die Atemwege. Äußerlich angewendet dient Honig der schnellen Wundheilung, auch ideal bei spröden Lippen!
Wenn Sie an Heuschnupfen leiden, können Sie sich mit Honig aus der direkten Umgebung desensibilisieren. Denn beim Honigkonsum nehmen Sie kleine Mengen des Pollens zu sich, gegen die Sie in großen Mengen allergisch reagieren.

Sofortenergie

Da im Honig – anders als im Haushaltszucker – die Zuckerarten Fructose und Glucose in nichtgebundener Form vorliegen, stehen sie als Sofortenergielieferanten dem Körper direkt zur Verfügung. Deswegen enthalten Powerriegel für Sportler meist Honig.
Kleinkindern bis etwa drei Jahren sollten Sie keinen Honig geben, da eventuell enthaltene Bakterien für ganz kleine Kinder gefährlich sein können. Später ist Honig jedoch sehr gut für das Wachstum und die gesunde Entwicklung Ihres Kindes.

Gut zu wissen
Wer Honig zum Süßen des heißen Tees oder der heißen Milch nimmt, hat nicht viel von den gesundheitsfördernden Inhaltsstoffen, da diese beim Erhitzen über 40 Grad verlorengehen.

Pollen kann ganz verschiedene Farben haben, je nach Blüte.

Pollen

Beim Besuch der Blüten bleibt im Haarkleid der Sammelbiene Blütenstaub hängen. Mit den Vorder- und Mittelbeinen kämmt sie den Pollen aus ihrem „Fell", befeuchtet ihn mit Speichel und Nektar und knetet ihn an den Hinterbeinen zu den typischen „Pollenhöschen". Da Bienen Vegetarier sind, ist für sie der Pollen eine wichtige Eiweißquelle. Daneben enthält Pollen unter anderem Zucker, Mineralstoffe, freie Aminosäuren und Fette. Er wirkt antibakteriell, stärkend, verdauungsunterstützend und hilft bei Prostatabeschwerden.

Bienenbrot

Wird der Pollen im Bienenstock als Vorrat eingelagert, mischen die Bienen Speichelsekret und Nektar dazu. Dadurch wird der Pollen aufgeschlossen, besser verdaulich und haltbar. Das sogenannte Bienen- oder Pollenbrot stampfen die Bienen fest in die Zelle und überziehen es zum Schutz vor Pilzen und Bakterien mit einer dünnen Propolisschicht.

Manche Imker gewinnen den Pollen, indem sie Pollenfallen am Flugloch anbringen. Schlüpft die Biene durch die enge Öffnung, verliert sie ihre Pollenhöschen.

Im Stock verschließen die Bienen alle Ritzen mit Propolis – auch zwischen der Abdeckung aus Leinenstoff und den Rähmchen.

Bienengift

Bienen haben einen Stachel mit Widerhaken. Wenn sie in die Haut eines Menschen oder Säugetiers stechen, bleibt der Stachel stecken. Will die Biene flüchten, reißt ihr Stechapparat ab. Sie stirbt und der gesamte Inhalt der Giftblase kann sich in die Wunde entleeren. Sticht eine Biene dagegen ein anderes Insekt, überlebt sie den Stich.

Wer gestochen wird und nicht allergisch auf Bienengift reagiert, kann sich eigentlich freuen: Bienengift wirkt blutdrucksenkend, entzündungshemmend sowie bei rheumatischen Erkrankungen.

»

Imker werden oft besonders alt, heißt es. Vielleicht liegt das an der „gesunden Mischung“ aus eigenem regionalem Honig, Pollen, Wachs, Propolis, Stockluft, gepaart mit vielen Bienenstichen und der notwendigen Gelassenheit, die das Arbeiten mit den wehrhaften Mädels mit sich bringt.

Propolis

Bienen nagen mit ihren Mundwerkzeugen von Knospen verschiedener Bäume, etwa Birke, Erle, Pappel oder Kastanie, die klebrige Schicht ab, reichern sie mit Speichel an und transportieren dieses Kittharz oder Propolis genau wie den Pollen an ihren Hinterbeinen nach Hause. Im feucht-warmen Stockinneren dient Propolis als natürliches Antibiotikum, denn es hemmt das Wachstum von Bakterien, Viren und Pilzen. Die Bienen überziehen alle Innenwände sowie das gesamte Wabenwerk mit einer hauchdünnen Propolisschicht. Propolis wirkt auch im menschlichen Körper bakterien- und virenhemmend. Es hilft bei der Wundbehandlung und Erkrankungen der Atemwege. Bei entsprechenden Beschwerden einfach eine erbsengroße Menge Roh-Propolis über Nacht an den Gaumen pressen.

Gelée Royale

Der Futtersaft aus den Kopfdrüsen der Ammenbienen, mit dem am Anfang jede Larve und die Königin zeitlebens gefüttert wird, heißt Gelée Royale. Er enthält Wasser, Zucker, Proteine, Aminosäuren, Fette, Mineralstoffe und Spurenelemente. Angeblich soll Gelée Royale beim Menschen zellregenerierend wirken und den Stoffwechsel anregen. Es kann aber nachweislich auch zu allergischen Reaktionen, Schwellungen, Erbrechen und Durchfall führen.

Absolute Notsituation

Um Königinnenfuttersaft zu erhalten, wird einem Bienenvolk die Königin weggenommen. Die Weisellosigkeit bedeutet großen Stress für die Bienen. Stattdessen gibt man mehrere künstliche Königinnenzellen ins Volk, die nun aus der Not heraus von den Ammenbienen gefüttert werden. Da die Gewinnung von Gelée Royale extrem auf Kosten der Bienen geht, rate ich vom Kauf dieses Produkts ab.

Auch beim Menschen wirkt Propolis antibakteriell, etwa gegen Halsschmerzen und geschwollene Mandeln.

Die Baubienen schwitzen Wachsschuppen aus Wachsdrüsen auf der Unterseite ihres Hinterleibs. Daraus bauen sie ihr hauchdünnes, leichtes und dennoch stabiles Wabenwerk – ein wahres Kunstwerk! Um die Waben für ein komplettes Nest herzustellen, schwitzen die Bienen über 1 kg Wachs aus, das sind mehr als eine Million Wachsschuppen. Bei dieser Arbeit verbrauchen sie rund 7 kg Honig.

Wachs

In Wachsdrüsen auf der Unterseite des Hinterleibs schwitzt eine Baubiene schneeweiße, hauchdünne Wachsplättchen aus. Sie spießt die Plättchen auf ein Bürstchen am Hinterbein auf und transportiert sie mithilfe der Vorderbeine zum Mund. Dort wird das Wachs unter Zugabe von Körpersekret geschmeidig gekaut und mit den Mandibeln (Mundwerkzeugen) an der Baustelle befestigt.
Bevor es Paraffin und Stearin gab, war Bienenwachs als Kerzenrohstoff von großer Bedeutung. Heute ist es als pflegende Komponente in Cremes, Lotionen und Lippenbalsams enthalten, als Trennmittel in Gummibärchen oder dient Möbeln als Oberflächenschutz. Bei Erkältung, Husten und Gelenk- oder Muskelschmerzen helfen Wärmepackungen mit Bienenwachs.

Imkerkaugummi aus Bienenwachs hilft auch bei Heuschnupfen.

Bienenwachskerzen aus dem Wachs der eigenen Bienen ist etwas ganz Besonderes.

Imkerkaugummi

Bei der Honigernte abgeschabtes Verdeckelungswachs (Seite 26 und 93) gibt einen perfekten Kaugummi ab. Sie kauen reines Bienenwachs, das von den Bienen mit einem hauchdünnen Propolisüberzug versehen wurde, und schmecken Reste von Honig und Pollen. Hilft bei Erkältungskrankheiten und Nasennebenhöhlenentzündungen!

Stockluft

Es gibt Kuren, bei denen die Patienten über einen Schlauch und eine Atemmaske direkt mit dem Inneren eines Bienenstocks verbunden sind und pure Stockluft einatmen. Wer schon einmal dicht am Flugloch saß und die von den Bienen herausventilierte warme Luft aus dem Stockinneren eingesogen hat, weiß, wie gut das tut! Stockluft vereint die wertvollen Produkte eines Bienenstocks – Honigduft, Propolis, Pollen und Wachs. Es lindert beim direkten Einatmen Atemwegserkrankungen wie etwa Asthma oder Bronchitis, hilft bei Allergien, chronischen Kopfschmerzen, bei Immunschwäche und bei Depressionen.

Honig hat viele Gesichter

Neben den aus den Waben geschleuderten, oft auch zusammengemischten Importhonigen aus dem Supermarkt gibt es gesündere, feinere und ursprünglichere Varianten, die den wahren Geschmack des Honigs viel besser zur Geltung bringen.

Schleuderhonig

Dieser Honig wird durch Schleudern aus den Zellen gewonnen. Honigschleudern sind relativ teuer. Wenn Sie Ihren Honig gern schleudern wollen, können Sie erstmal bei einem Imker fragen, ob Sie seine Schleuder mitbenutzen dürfen. Die meisten in Europa erhältlichen Honige sind Schleuderhonige. Bestandteile wie Pollen, Wachs und Propolis sind hier kaum bis gar nicht enthalten. Der Zusatz „kalt geschleudert“ ist übrigens sinnlos und irreführend. Beim Schleudern wird der Honig weder gekühlt noch erhitzt, er kommt durch Zentrifugalkraft aus den Vorratszellen.

Vor dem Schleudern werden die Honigwaben entdeckelt.

Dann werden die Waben in die Honigschleuder gestellt.

Tropfhonig

Dafür werden die Honigwaben zerkleinert und der Honig gegebenenfalls über ein Sieb vom Wachs getrennt. Ähnlich wie Scheibenhonig ist Tropfhonig sehr wertvoll, naturbelassen und gesund, weil er besonders schonend gewonnen wurde und viele natürliche Bestandteile enthält. Hier im Buch ist die Gewinnung von Tropfhonig beschrieben (Seite 93), wobei das Wabenwerk am Ende zudem noch ausgepresst werden kann.

Presshonig

Wenn die Honigwaben mit einer Korbpresse aus Edelstahl – etwa einer Obstpresse – ausgedrückt werden, erhält man den sehr ursprünglichen Presshonig mit wertvollen Bestandteilen, vor allem Pollen. Er schmeckt intensiv aromatisch.

Scheibenhonig ist die beste Honigqualität, die Sie bekommen können.

Scheibenhonig

Dies ist Honig, der sich noch im verdeckeltem Wabenbau befindet – und zwar in hellen, also unbebrüteten Naturwaben. Er ist besonders aromatisch und der hochwertigste und gesündeste! Scheibenhonig wurde nicht geschleudert oder bearbeitet, ist also völlig naturbelassen. Er enthält sämtliche wertvollen Inhaltsstoffe sowie Pollen, Propolis, Bienenwachs. Zudem kennzeichnen Duftnuancen und Aromen seinen einmaligen Geschmack, die beim Schleudern und Abfüllen verfliegen.
Kauen Sie ein Stück Scheibenhonig samt Wabe, bis nur noch das Wachs im Mund übrigbleibt und ausgespuckt werden kann. Ein wirkliches Erlebnis!

Wabenhonig

Wenn Sie im Honigraum mit Mittelwänden gearbeitet haben, können Sie helle unbebrütete Wabenstücke herausschneiden. Anders als Scheibenhonig enthält dieser Wabenhonig eine künstliche Wachsmittelwand. Sie ist im Vergleich zu natürlich gebauten Waben deutlich dicker. Das macht sich beim Kauen bemerkbar, weswegen Wabenhonig meiner Meinung nach nicht ganz so lecker ist wie Scheibenhonig.

Waldhonig

Blattläuse stechen die Leitungsbahnen von Nadelbäumen (Fichte, Eibe, Tanne oder Kiefer) an und saugen Pflanzensaft. Überschüssige Flüssigkeit wird als ballaststoffreicher Honigtau ausgeschieden. Honigbienen lecken den klebrigen, zähflüssigen Saft von den Nadeln ab und verarbeiten ihn zu dem recht dunklen und würzigen Waldhonig. Die Läuse kommen allerdings nicht jedes Jahr in ausreichenden Massen vor, sodass der „Wald nicht immer honigt“!
Waldhonig ist für das Bienenvolk kein guter Wintervorrat, da der Honig schwer verdaulich ist und zu Durchfall führen kann.

Diese Sammlerin saugt Honigtau an der Fichtenquirlschildlaus.

Blatthonig

Auch Blatthonig schmeckt sehr kräftig und wird von Bienen aus Honigtau hergestellt, der von Blattläusen auf Laubbäumen (Eiche, Linde, Ahorn) ausgeschieden wird.

Tannenhonig

Der würzige Tannenhonig entsteht aus Honigtau von Läusen auf der Weißtanne. Er stammt also aus dem Schwarzwald oder dem Schwäbischen oder Bayrischen Wald. Tannenhonig bleibt lange flüssig.

Robinienhonig ist flüssig und meist goldgelb, Rapshonig zähflüssig und fast weiß.

Sortenhonig

Wie bringe ich meine Bienen dazu, dass sie nur an Linden- oder nur an Kastanienbäumen sammeln? Da Bienen blütenstet sind, sammeln sie so lange, bis eine gute Trachtquelle erschöpft ist. Und da Trachtpflanzen zu unterschiedlichen Zeiten blühen, können Sie mit kleinen Honigaufsätzen Sortenhonige gewinnen. Diese enthalten dann mindestens 50 % der Haupttracht.

Misch- oder Blütenhonig

Die meisten Honige sind Mischhonige aus dem Nektar mehrerer Trachtpflanzen, zum Beispiel Sommerblütenhonig oder Frühjahrsblütenhonig. Sie sind genauso wertvoll wie Sortenhonige und schmecken oft sogar besonders aromatisch und blumig.

Fest oder flüssig?

Jeder gute, naturbelassene Honig kristallisiert früher oder später aus und wird fest. Honige mit einem hohen Traubenzuckeranteil kristallisieren besonders leicht. Die meisten Supermarkthonige wurden durch kurzzeitiges Erhitzen für den Kunden extra verflüssigt. Sie sind hitzegeschädigt, da bei Temperaturen über 40 °C sämtliche wertvollen Inhaltsstoffe im Honig zerstört werden. Manche Sortenhonige, wie etwa Robinienhonig, bleiben von Natur aus bis zu zwei Jahre lang flüssig.

Mischung aus EG- und Nicht-EG-Ländern

Fast alle billigen Supermarkthonige sind „Mischungen aus EG- und Nicht-EG-Ländern“. Diese Honigmischungen sind meist hitzegeschädigt und können Pollen von gentechnisch veränderten Pflanzen sowie Schadstoffe enthalten. Am besten kaufen Sie regionalen Honig oder direkt vom Imker. Denn in Deutschland ist die Herstellung und Verarbeitung von Honig durch die Honigverordnung streng geregelt. Bei Bio- sowie Demeter-Honig können Sie zudem sicher sein, dass keine chemischen Rückstände enthalten sind, da gegen die Varroamilbe nur organische Säuren eingesetzt werden dürfen (Seiten 45/46).

Honig – begehrtes Gut

Pro Kopf verzehren die Deutschen durchschnittlich knapp über 1 kg Honig im Jahr. Schätzungen zufolge ernten 110 000 Imker in Deutschland von ihren 750 000 Bienenvölkern jährlich 20 000 Tonnen Honig. Das entspricht in etwa 20 % des deutschen Honigkonsums. Für 1 kg Honig müssen Honigbienen 3 kg Nektar sammeln. Dabei fliegen die Sammelbienen eines Volkes bis zu 5 Millionen Blüten an und legen eine Gesamtstrecke zurück, die über dreimal um die Erde reichen würde.

Je nach Honigsorte kristallisiert ein naturbelassener Honig früher oder später aus und wird hart. Das Auskristallisieren kann verhindert oder verzögert werden, indem man den geernteten Honig etwa eine Woche lang mehrmals täglich ein paar Minuten „cremig rührt“. Mit dem Rühren wird gewartet, bis die Kristallisation einsetzt und der Honig einen leicht trüben, perlmuttartigen Schimmer bekommt. Hier wurde ein Honigrührer aus Edelstahl mit zwei gegenläufigen Rührflügeln verwendet.

Bee or not to be

Seit Jahrmillionen sorgen Bienenvölker für die Fruchtbarkeit der Pflanzen. Doch seit einigen Jahren geht weltweit die Zahl der Bienenvölker drastisch zurück. In manchen Jahren waren es allein in Deutschland bis zu 30 %, in Amerika bis zu 80 %. Schweizer Imker verloren 2012 die Hälfte aller Völker.

Zu viele Belastungen

Es gibt nicht den einen Grund für das Bienensterben – vielmehr ist es eine Mischung aus verschiedenen, belastenden Faktoren. Neben der aus Asien eingeschleppten Varroamilbe (Seite 106) zählen Monokulturen und Pestizide zu den Hauptursachen des Bienensterbens. Doch auch einseitige züchterische Selektion, massive Manipulationen und Eingriffe in das natürliche Verhalten des Volkes schwächen die Widerstandskraft der Bienen und machen sie anfälliger für Krankheiten.

»

„Keine Bienen mehr, keine Pflanzen, keine Tiere, keine Menschen mehr." Oft zitierte Aussage, angeblich von Albert Einstein. Die Biene gilt als Indikator für eine intakte Natur mit funktionierenden Ökosystemen – etwas, das auch wir zum Überleben brauchen.

Monokulturen werden nicht nur mit Giften gespritzt, sie bieten den Bienen zudem eine sehr einseitige Ernährung.Und ist eine Monokultur verblüht, finden Bienen auf diesem Land oft nichts mehr zu fressen.

Industrialisierung der Landwirtschaft

Kleinbäuerliche, nachhaltig wirtschaftende Betriebe haben heute kaum noch eine Überlebenschance. Gestützt von der aktuellen EU-Agrarpolitik dominiert die intensive, industrielle Landwirtschaft. Sie setzt auf Monokulturen, die mit chemischen Pflanzenschutzmitteln (Pestizide) gespritzt werden, um mit möglichst wenig Arbeitsaufwand maximale Erträge in kürzester Zeit zu erzielen. Die Felder sollen „maschinengerecht" sein. Da stören selbst die Blühstreifen am Rand und das ist eine Katastrophe für bestäubende Insekten. Ist eine Monokultur verblüht, wird das Land für die Bienen zur futterlosen Wüste. Zudem werden die Sammlerinnen durch die üblicherweise verwendeten Pestizide vergiftet. Sie sterben oder verlieren ihren Orientierungssinn und finden nicht mehr zum Stock zurück.

Warum ein Bienenvolk gestorben ist, kann man oft nicht genau sagen. Meist sind es mehrere Faktoren, die zusammen das Volk zu sehr geschwächt haben.

More Than Honey
Der Film „More Than Honey" dokumentiert sehr eindrücklich, wie Bienen gezüchtet und per Post verschickt oder – vollgepumpt mit Medikamenten – in LKWs von Großplantage zu Großplantage gekarrt werden. Oder wie in China nach massiven Pestizideinsätzen die Bienen in vielen Regionen verschwunden sind und nun Menschen auf Bäume klettern und Blüte für Blüte von Hand bestäuben.

Ohne Imker keine Chance

Unsere Honigbienenvölker können in der freien Natur ohne die Unterstützung eines Imkers nicht überleben. Sie finden kaum geeignete Nistplätze und viele, vor allem ländliche Regionen bieten nicht mehr genügend Nahrung. Der Imker bietet den Bienen eine Behausung, füttert sie in Notzeiten und schützt sie vor Krankheiten.
Auch Privatgärtner, die ihre blühenden Pflanzen nicht mit Gift behandeln, helfen den Honigbienen und auch den Wildbienen. Zum Schutz der Wildbienen können Sie zudem noch ein Insektenhotel aufhängen.

Etwa 200 der über 560 deutschen Wildbienenarten stehen auf der Roten Liste. Hier sind die Hahnenfuß-Scherenbiene und die Gemeine Löcherbiene beim Vorbereiten ihrer Niströhren zu sehen.

Passen Bienen zu uns?

Verglichen mit anderen Haus- und Nutztieren haben Honigbienen viel von ihrem wilden Charakter behalten. Sie versorgen sich selbst und brauchen unsere Aufmerksamkeit nicht täglich. Dennoch sind Bienen auf Ihre Fürsorge als Imker angewiesen.

»

Wenn ich mich mit meinen Bienen beschäftige, tanke ich jede Menge Energie, Inspiration und gute Laune. Für mich ist die Imkerei der ideale Ausgleich zum hektischen Alltagsleben.

Honigsüß und giftig zugleich

Bienenhonig ist seit Menschengedenken das süßeste Naturprodukt unter den Lebensmitteln. Mit Mit eigenen Bienen können Sie jedoch nicht nur selbst Honig ernten, sondern Sie holen sich ein faszinierendes Stück Natur in Ihren Alltag. Sind Sie sich dennoch unsicher, ob Bienen das Richtige für Sie sind? Bevor Sie sich ein eigenes Volk zulegen, lohnt es sich, ein paar Dinge abzuklären ...

Bienenstich und Allergie

In Deutschland reagieren zwar nur knapp 4 % der Bevölkerung allergisch auf Bienenstiche, doch kann Bienengift bei Bienengiftallergikern lebensbedrohlich sein. Symptome wie Juckreiz, Rötung oder Quaddeln zeigen sich dann am ganzen Körper. Es kann zu Herzrasen, Schwindel, Atemnot, Übelkeit und Erbrechen kommen, bis hin zum allergischen Schock. Wenn Sie bei sich oder anderen ähnliche Reaktionen bemerken, sollten Sie sofort den Notarzt rufen.

Da sich beim ersten Stich Antikörper bilden können, stellt sich übrigens erst beim zweiten Stich heraus, ob Sie allergisch reagieren. Wenn Sie unsicher sind, ob Sie eine Bienengiftallergie haben, können Sie sich beim Arzt testen lassen.

Gut zu wissen
Treten Rötung, Juckreiz und Schwellungen nur rund um die Stichstelle auf, sind das ganz normale Reaktionen und keine Bienengiftallergie. Bei mir dauert es vier bis fünf Tage, bis ein Stich wieder abgeschwollen ist.

Bienen stechen niemals einfach so, nur wenn sie sich bedroht fühlen.

Wenn Sie bei Ihren Bienen sind, sollten Sie Zeit und Ruhe haben. Wer unter Zeitdruck imkert, wird schnell den Spaß daran verlieren.

Zeit und Lust auf Verantwortung

In vielen Ratgebern wird vermittelt, dass Bienenhaltung ganz einfach und mit 15 bis 20 Stunden Zeitaufwand im Jahr zu bewerkstelligen sei. Das sehe ich nicht ganz so. Vor allem in den ersten Jahren brauchen Sie Zeit und Lust, die Bienen genau kennenzulernen und tiefer in ihre spannende Lebensweise einzutauchen. Neben der Praxis am Bienenstock lohnt es sich, Kurse oder Workshops zu besuchen, sich weiterzubilden und Erfahrungen auszutauschen.

Bienen sind auf die Fürsorge des Imkers angewiesen. Zu gewissen Zeiten im Bienenjahr ist ein täglicher Besuch bei den Bienen ratsam. Dabei reichen meist nur ein paar Minuten, wenn Sie etwa den Erfolg der Varroabehandlung kontrollieren (Seite 110). Zur Schwarmzeit im Mai/Juni sollten Sie einmal wöchentlich am Bienenstand sein (Seite 72). Deswegen plädiere ich für einen schnell erreichbaren Standort.

Und was ist mit den Kosten?

Bienen halten ist nicht billig. Auch wenn Ihnen in diesem Buch eine möglichst günstige Variante vorgestellt wird, so kostet bereits die Bienenbehausung samt Rähmchen und Schutzanstrich zwischen 170 und 300 EUR, ein Schwarm meist 50 bis 100 EUR, die Imker-Grundausstattung sowie das Zubehör für Honigernte und Varroabehandlung liegen nochmal bei etwa 125 EUR. Dennoch ist die Imkerei eine ungemein bereichernde Beschäftigung, die einem weit mehr als kostbaren eigenen Honig bietet.

Schnupperkurs und Imkerworkshop

Am besten finden Sie in einem Imkerkurs heraus, ob Bienen das Richtige für Sie sind. Für mich war ein Kurs über wesensgemäße Imkerei sehr hilfreich. Hier lernen Sie besonders anschaulich das Wesen des Biens kennen und wie die Impulse im Bienenvolk mit den Rhythmen in der Natur zusammenhängen.

Gut zu wissen
Deutschlandweit werden nachhaltige, ökologische und wesensgemäße Imker-Kurse zum Beispiel von De Immen und Mellifera e. V. sowie den Mellifera-Regionalgruppen angeboten oder von Demeter-Imkern in Ihrer Nähe.

Auch viele Imkervereine bieten informative Kurse und Beratung an. Hier wird überwiegend die moderne, konventionelle Bienenhaltung (Seite 43) vermittelt, bei der der Imker stärker in den Organismus Bienenvolk eingreift.

Netzwerke und Imkerpaten

Bienenhaltung ist etwas Dynamisches und lässt sich nicht Schritt für Schritt genauso umsetzen, wie es in einem Ratgeber beschrieben steht. Es ist normal, dass viele Dinge überraschend anders laufen. Deswegen ist es wichtig, dass Sie am Anfang jederzeit einen erfahrenen Imker aus Ihrem Umfeld kontaktieren können, der Ihnen mit Rat und Tat zur Seite springt.
Im Bienenkisten-Netzwerk (www.bienenkiste.de) sowie im Beratungsnetzwerk von Mellifera e. V. (www.mellifera.de) können Sie sich für Deutschland, die Schweiz und Österreich Imkerlotsen in Ihrer Nähe anzeigen lassen. Oder Sie lernen einen Imkerpaten in Imkerkursen, Imkervereinen oder sonstigen Imkergruppen kennen. Viele Gruppen haben hilfreiche E-Mail-Verteiler, über den Patenschaften wie auch freie Standorte, Völker und Gerätschaften angeboten werden.

Imkerkurs zum wesensgemäßen Umgang mit Bienen im Berliner Prinzessinnengarten. Wer Bienen halten will, sollte im Vorfeld das natürliche Verhalten der Bienen kennenlernen. Das geht meiner Meinung nach am besten mit einem Kurs zur wesensgemäßen Imkerei. Danach können Sie immer noch entscheiden, welche Art der Bienenhaltung am besten zu Ihnen passt.

Imkern: konventionell, bio oder wesensgemäß?

Wie in der Landwirtschaft gibt es unterschiedliche Arten der Bienenhaltung: Honigertrag und Zuchtmethoden stehen bei der konventionellen Imkerei im Vordergrund, die wesensgemäße Bienenhaltung greift zum Wohl der Bienen möglichst wenig ins Volk ein, die Bioimkerei liegt dazwischen. Hier ein Überblick ...

In der konventionellen Bienenhaltung werden meist Magazinbeuten mit in Rähmchen eingelöteten Mittelwänden verwendet.

Moderne konventionelle Bienenhaltung

Das Absperrgitter zwischen Brut- und Honigraum verhindert, dass die Königin in den Honigwaben Eier legt.

Die meisten Berufsimker, die auf Wirtschaftlichkeit und viel Honigertrag angewiesen sind, betreiben diese Art der Imkerei. Die Bienen leben in sogenannten Magazinbeuten (Seite 49) aus Holz oder Kunststoff, die in mehrere Stockwerke (Zargen) unterteilt sind. Die unteren Zargen bilden den Brutraum, die oberen den Honigraum.

In den Zargen hängen bewegliche Rähmchen, in die der Imker künstlich gefertigte Mittelwände lötet. Mittelwände sind mit Sechsecken vorgeprägte Bienenwachsplatten, die der Größe der Zellen für die Arbeiterinnenbrut entsprechen. Sie sollen den Wabenbau der Bienen ordnen und beschleunigen und verhindern, dass größere Brutzellen für die Drohnen gebaut werden.

Damit die Königin keine Eier im Honigraum legt, trennt der Imker Brut- und Honigraum durch ein Absperrgitter. Durch das Gitter schlüpfen die kleineren Arbeiterinnen hindurch, die etwas größere Königin hingegen nicht. Wenn die Honigaufsätze komplett entnommen und geerntet werden, bekommen die Bienen als Ersatzfutter Zuckerwasser, aus dem sie sich einen neuen Wintervorrat anlegen.

Zur Bekämpfung der Varroamilbe erlaubt die konventionelle Imkerei neben organischen Säuren auch chemisch-synthetische Mittel, die zu Rückständen im Honig und im Wachs führen können.

Gut zu wissen

Sobald ein leeres Rähmchen ohne Mittelwand eingehängt wird, nutzen die Bienen die Möglichkeit und legen Brutzellen für die Drohnen an. Da Varroamilben (Seite 106) bevorzugt diese befallen, kann dieses Rähmchen samt der Drohnenbrut später entfernt und vernichtet werden.

Bitte nicht schwärmen!

Der konventionelle Imker verhindert das natürliche Schwärmen eines Bienenvolkes (Seite 72), indem er die Schwarmstimmung der Bienen unterdrückt. Stattdessen werden die Völker künstlich über Ableger oder Kunstschwärme (Seite 66, 68 und 69) vermehrt. Damit die Bienen nicht nur schwarmträge, sondern auch sanftmütig und arbeitsam sind, werden gezüchtete, oftmals instrumentell besamte Fremdköniginnen eingesetzt.

Flügelschneiden

Als zusätzliche Maßnahme schneiden manche Imker der Königin einen Flügel ab. So wird ein Ausschwärmen auf jeden Fall verhindert. Einseitig gestutzt fällt die Königin beim Versuch abzufliegen auf den Boden und der Schwarm kehrt notgedrungen zurück in den Stock.

Wesensgemäße Bienenhaltung

Die bienen- und wesensgemäße, nachhaltige, ökologische Imkerei, auch Demeter-Bienenhaltung, arbeitet mit den natürlichen Instinkten des Bienenvolkes. Dahinter steht die Überzeugung, dass Bienenvölker besonders vital und gesund sind, wenn man als Imker so wenig wie möglich eingreift oder manipuliert. Wie sieht das konkret aus?
Auf künstliche Zuchtmethoden wird verzichtet, um die genetische Diversität nicht zu gefährden. Die Bienenbehausungen sind aus Holz, Lehm oder Stroh und groß genug (Großraumbeuten, Seite 51 und 52), damit das Brutnest nicht auf mehrere Zargen verteilt und dadurch zerstückelt wird. Die Bienen bauen ihr Brutnest komplett selbst im Naturwabenbau ohne Mittelwände. Reiner Naturwabenbau ist dünner und wird von den Bienen nie komplett im Rähmchen fixiert. So kann die Wabe schwingen, was bedeutend für die Kommunikation im Volk ist. Die Varroabehandlung erfolgt mit organischen Säuren ohne rückstandsbildende Chemikalien (Seite 110).

Mellifera e. V.
In den 1980er-Jahren wurde die wesensgemäße, nachhaltige und ökologische Bienenhaltung von Mellifera e. V. ins Leben gerufen. Seitdem werden in der Lehr- und Versuchsimkerei Fischermühle wesensgemäße Betriebsweisen erforscht, weiterentwickelt und vermittelt.

Die Rähmchen der wesensgemäßen Mellifera-Einraumbeute werden von den Bienen nach und nach im Naturwabenbau ausgebaut.

In der wesensgemäßen Imkerei werden im Brutnestbereich keine künstlichen Mittelwände eingesetzt. Beim Bauen des Wabenwerks verhaken sich zahlreiche Helferinnen mit ihren Füßen zu langen Bauketten.

Mittelwände im Honigraum

Viele wesensgemäße Imker empfehlen Mittelwände im Honigraum, andere setzen komplett auf Naturwabenbau. So findet jeder für sich irgendwann heraus, wie er imkern will. Da Pestizide fettlöslich sind, können Mittelwände aus Altwachs belastet sein. Rückstandsfreie Mittelwände kommen aus ökologischer Produktion.

Schwarmtrieb erwünscht!

Wie bei allen Lebewesen geht es bei den Honigbienen um Überleben und Fortpflanzung. Zum Überleben legen sich die Bienen einen Honigvorrat an, über die Aufzucht von Drohnen und den Schwarmvorgang pflanzen sie sich fort. Deswegen ersetzt der wesensgemäße Imker weder den kompletten Honigvorrat durch Zuckerwasser, noch verhindert er Drohnenbrut und Schwarmstimmung. Das Volk soll möglichst auf eigenem Honig überwintern, der Imker erntet den Honigüberschuss – bei Hobby-Imkern sind das 12 bis 20 kg. Der geerntete Honig wird vor dem Kristallisieren abgefüllt und nicht erhitzt. Ist eine zusätzliche Zuckerwasserfütterung der Bienen unumgänglich, wertet der Imker das Futter mit Honig auf.

Schwärmende Bienen können nicht immer einfangen werden. Deswegen gilt die sogenannte Schwarmvorwegnahme als wesensgemäße Alternative zum natürlichen Schwarmvorgang (Seite 72), um Völker zu vermehren. Dabei wird der Schwarmtrieb im Volk zugelassen und so lange wie möglich aufrechterhalten.

Bioimkerei

Wer das Bio-Siegel für Imkerei und Honig haben will, muss mindestens die EU-Richtlinien oder die teils schärferen Richtlinien der einzelnen Bioverbände für die ökologische Imkerei beachten. Von der konventionellen Bienenhaltung unterscheidet sich die Bio-Imkerei vor allem durch folgende Kriterien:

- Bienenbehausungen aus natürlichen Materialien.
- Rückstandsfreie Mittelwände aus ökologischer Produktion.
- Zuckerwasserfütterung mit Biozucker.
- Keine künstliche Besamung der Königin, kein Beschneiden der Flügel.
- Varroabehandlung mit organischen Säuren (Seite 110).
- Bienenstandort möglichst in der Nähe von ökologisch bewirtschafteten Agrarflächen.

Gut zu wissen
Laut AGÖL (1996) muss auf Honiggläsern ergänzt werden: „Wegen des großen Flugradius der Bienen ist nicht zu erwarten, dass sie nur oder überwiegend ökologisch bewirtschaftete Flächen befliegen."

In der Stadt finden Bienen ganzjährig einen reich gedeckten Tisch.

Bienen in der Stadt

Bienen werden zunehmend in Städten gehalten. Dabei ist „Urban Beekeeping" nicht nur ein Trend, sondern den Bienen geht es heute in der Stadt meist besser als auf dem Land! In Parks, Gärten, auf Balkonen und Friedhöfen, Grünanlagen und Brachflächen finden sie ganzjährig genügend Nektar und Pollen. In Städten ist es immer ein paar Grad wärmer als auf dem Land und die Bienen können im Frühjahr zeitiger und im Herbst länger ausfliegen. Außerdem sind sie weder blütenarmen Landschaften noch Monokulturen, gentechnisch veränderten Kulturpflanzen oder Pestizidbelastung ausgesetzt.

Gut zu wissen
Manche Imker aus ländlichen Regionen wandern sogar zeitweise mit ihren Stöcken in die Städte, etwa zur Lindenblüte nach Berlin. In Berlin selbst gibt es derzeit über 1000 Imker.

Ist Stadthonig belastet?

Doch was ist mit Luftverschmutzung, Abgasen und Feinstaub? Bienen sammeln aus frisch geöffneten Blüten, die bislang kaum Luftbelastungen ausgesetzt waren. Sollten dennoch Schadstoffe im Nektar sein, so werden diese bei der Honigumwandlung im Bienenkörper herausgefiltert. Untersuchungen bestätigten, dass die Honigqualität in der Stadt sehr gut ist und sich zudem durch eine besonders große Blütenvielfalt auszeichnet.

Berliner Großstadthonig

Eine Pollenanalyse des Honigs aus dem Berliner Prinzessinnengarten ergab, dass über 400 Pflanzenarten angeflogen wurden – Vergissmeinnicht, Wilder Wein, Himbeere, Götterbaum, Linde, Edelkastanie, Robinie, Birne, Reinweide, Beinbrech, Rosskastanie, Schnurbaum, Senf, Weide, Löwenzahn, Schafgarbe, Natternkopf, Kerbel, Wolfsmilch, Veilchen, Klee, Spitzahorn, Essigbaum, Wunderbaum, Hornklee, Weißklee, Kornelkirsche ...

Das Bienenzuhause

Von Natur aus bevorzugen Bienenvölker einen rund 40 l großen Hohlraum in einigen Metern Höhe mit einem nach Süden ausgerichteten, nicht allzu großen Flugloch. Ursprünglich lebten Honigbienen in hohlen Bäumen im Wald, etwa in Schwarzspechthöhlen. Solche natürlichen Nistplätze gibt es heute kaum noch.

Die Beute

Ein nicht ganz einfaches Thema, das gerne und oft diskutiert wird: Welche Bienenbehausung, auch Beute genannt, ist für mich die richtige? Letztlich hängt die Wahl der Beute von der Art der Bienenhaltung (welche Motivation habe ich, Seite 42) ab, außerdem vom Standort (wie viel Platz habe ich, Seite 58) und von der eigenen Statur, also wie kräftig bin ich.
Für die meisten Beuten finden Sie gute Bauanleitungen zum Selbstbauen im Netz. So lässt sich – zumindest bei den einfacher konstruierten Beuten – etwas Geld sparen.

Tipp
Kaufen Sie besser keine gebrauchten Beuten, da diese mit Krankheitserregern belastet sein könnten. Wer das dennoch tun will, sollte die Beute unbedingt ausgiebig desinfizieren.

Stabilbau und Mobilbau

Von Stabilbau ist die Rede, wenn das Wabenwerk fest an die Beutenwände angebaut wurde, wie zum Beispiel im Bienenkorb oder in einem hohlen Baum. Beim Mobilbau bauen die Bienen in bewegliche, also mobile Rähmchen. Sie beginnen ihr Wabenwerk oben an der Oberträgerleiste und bauen nach und nach das Rähmchen aus. Die Rähmchen werden vom Imker bei der Völkerdurchsicht einzeln gezogen und begutachtet.

Nicht zu unterschätzen: Die Zarge einer Magazinbeute kann ganz schön schwer sein.

Magazinbeuten

Wenn Sie nach wirtschaftlichen Gesichtspunkten imkern und möglichst viel Honig ernten wollen, kommen für Sie eher die in der konventionellen Imkerei (Seite 42) typischen Magazinbeuten infrage. Es gibt hier verschiedene Systeme, die im Folgenden erklärt werden.

Charakteristisch an Magazinbeuten ist, dass sie mehrteilig und variabel anpassbar sind.

Deutsch Normal, Zander und Langstroth

Die drei Beutetypen Deutsch Normal (DN), Zander und Langstroth haben im Brut- und Honigraum jeweils einheitlich große Rähmchen und unterscheiden sich nur in ihrem Gesamtvolumen sowie in der Größe der einzelnen Zargen. Da diese mehrstöckigen Magazinbeuten in der heutigen konventionellen Imkerei als Standard gelten, lassen sich zum Beispiel Ableger (Seite 26) einfacher integrieren. Für Schleuderhonig (Seite 66 und 69) sind standardisierte Rähmchenmaße praktisch, da sie mit den gängigen Honigschleudern kompatibel sind. Sie können aber auch Tropf-, Press- oder Wabenhonig (Seite 27) herstellen.

Vorteile	Nachteile
Weit verbreitete Standardbeuten.	Geteilter Brutraum, wenig naturnah.
Nur ein Rähmchenmaß: Zargen und Rähmchen sind austauschbar.	Rückenbelastend: Bis zu 30 kg schwere Honigzargen müssen gehoben werden.
Futter- und Schwarmkontrolle schneller durchführbar, da Honigräume zargenweise abgehoben und ganze Brutzargen kurz gekippt werden können.	Beim Aufsetzen der Zargen werden oft Bienen gequetscht.
Viel Honig kann geerntet werden, auch Sortenhonige.	

Magazinbeuten aus Kunststoff

Sie sind zwar leichter und handlicher als Beuten aus Holz, dennoch würde ich von Kunststoffbeuten abraten. Da es in diesen Beuten unnatürlich wärmer ist, brüten die Völker unnatürlich lange und lösen sich womöglich zu früh aus der Wintertraube. Außerdem: Wer will schon in einem Kunststoffhaus wohnen?!

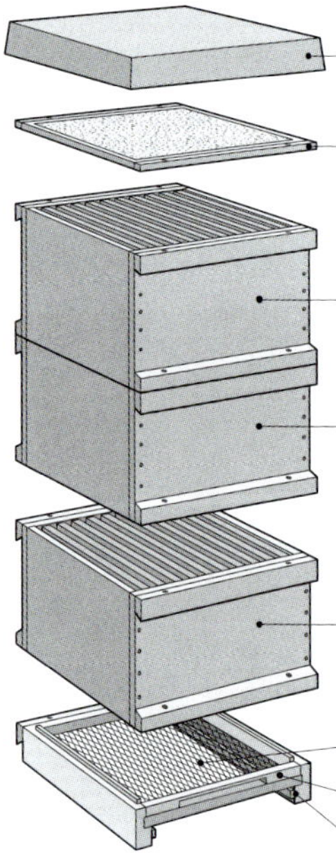

Eine Zander-Magazinbeute in ihren Einzelteilen.

Typisch Dadant:
großer Brutraum,
kleine Honigräume.

Dadant (Großraum-Magazin-beute)

Die Dadant-Beute ist eine Großraum-Magazinbeute mit einem großen Brutraum und aufsetzbaren halben Honigräumen. Der Brutraum wird mit einem beweglichen Trennschied der Größe des Volkes angepasst. Mit Dadant können Sie sowohl konventionell als auch wesensgemäß imkern (Seite 42). Die Honigwaben lassen sich schleudern, pressen oder zu Scheiben- oder Tropfhonig verarbeiten (Seite 26 und 27).

Vorteile	Nachteile
Naturnaher großer, ungeteilter Brutraum.	Unterschiedliches Rähmchenmaß in Honig- und Brutraum, nicht beliebig austauschbar.
Halbe, besser handhabbare Honigräume (volle Honigzarge wiegt rund 16 kg).	Auch eine 16-kg-Honigzarge kann einem zu schaffen machen.
Größere Honigernte als in anderen Großraumbeuten möglich, auch Sortenhonige.	Honig kann nicht komplett geerntet werden.
Volk überwintert dennoch gut auf eigenem Honig.	Beim Aufsetzen der Zargen werden oft Bienen gequetscht.
Schnelle Futter- und Schwarmkontrolle, da Honigräume zargenweise abgehoben werden können.	

Großraumbeuten

Sie sehen die Bienenhaltung eher als naturnahen, ökologisch wertvollen Ausgleich und sind mit 15 bis 20 kg Honig im Jahr pro Volk zufrieden? Dann liegen Sie mit einer Großraumbeute richtig. Ich empfehle Neuimkern die wesensgemäße Bienenhaltung (Seite 44) in Großraumbeuten.

Möglichst naturnah

In Großraumbeuten lebt das Volk – ähnlich wie in der Natur – in einem einzigen Raum und die Königin kann sich ohne Absperrgitter frei bewegen. Fluglochnah bauen die Bienen ihr zusammenhängendes Brutnest mit Pollen- und Honigkranz selbst. Der überschüssige Honig wird als Vorrat in den Waben neben dem Brutnest (fluglochfern) gelagert und kann dort geerntet werden.

Bienenkiste

Da bei der Bienenkiste keine Rähmchen bewegt werden können, greifen Sie als Imker nur wenig ins Volk ein. Sie erleben, wie das Volk als Ganzes auf seinem selbstgebauten Wabenwerk (Naturwabenbau) lebt. Die Honigwaben lassen sich nicht schleudern. Sie ernten demnach keinen Schleuder-, sondern Tropf-, Press- oder Scheibenhonig (Seite 27).

»

Ich persönlich fand es gerade am Anfang sehr lehrreich, Rähmchen zu ziehen und begutachten zu können. Doch jeder hat hier andere Vorlieben!

Zum Öffnen wird die Bienenkiste über die Stirnseite gekippt, aufrecht gestellt und der Boden abgenommen.

Die Bienenkiste wurde speziell für Anfänger entwickelt, die naturnah in der Stadt imkern wollen.

Vorteile	Nachteile
Naturnaher großer, ungeteilter Brutraum.	Kann bei voller Besetzung nicht alleine bewegt werden.
Brutwaben müssen nicht bewegt werden.	Muss bei Kontrollen komplett geöffnet werden, wobei die Nestwärme entweicht.
Volk überwintert gut auf eigenem Honig.	Honig kann nicht komplett geerntet werden, keine Sortenhonige möglich.
Anfängerfreundlich, kostengünstig und wenig zeitaufwendig.	Beim Schließen der Kiste werden oft Bienen gequetscht.
Platzsparend, da weder Rähmchen, noch Zargen gelagert werden müssen.	
Kann einfach selbst gebaut werden (Bauanleitung im Netz).	
Sehr gute Schritt-für-Schritt-Betreuung unter www.bienenkiste.de.	

Oberträgerbeute – Top Bar Hive

Wie in der Bienenkiste gibt es in dieser auch als Top Bar Hive bezeichneten Beute nur Oberträgerleisten. Durch die schrägen Beutenwände bauen die Bienen ihr Wabenwerk nicht fest an die Beutenwand. So können Sie die Oberträger wie im Mobilbau einzeln entnehmen und begutachten. Mit einem Trennschied passen Sie den Innenraum an die Größe des Bienenvolkes an. Die Honigwaben werden nicht geschleudert, sondern zu Tropf-, Press- oder Scheibenhonig verarbeitet (Seite 27).

Vorteile	Nachteile
Naturnaher großer, ungeteilter Brutraum.	Waben müssen vorsichtig und senkrecht bewegt werden, da sie sonst abreißen können.
Anfängerfreundlich, kostengünstig und wenig zeitaufwendig.	Wurde für wärmere Länder konzipiert: Im Winter kann es leichter passieren, dass die Bienen vom Futterstrom abreißen und verhungern.
Platzsparend (da weder Rähmchen, noch Zargen gelagert werden müssen).	Honig kann nicht komplett geerntet werden, keine Sortenhonige möglich.
Kann einfach selbst gebaut werden (Bauanleitung im Netz).	

Diese einfach konstruierte Beute wurde ursprünglich für die Bienenhaltung in Afrika entwickelt.

In der Top Bar Hive werden keine Rähmchen, sondern nur Oberträger eingehängt.

Einraumbeute

Diese Beute ist für Freizeitimker genauso gut, wie für Demeter-Berufsimker geeignet und wurde von Mellifera e. V. speziell für die wesensgemäße Bienenhaltung entwickelt und optimiert. Über ein Trennschied wird der Platz in der Einraumbeute der Volksgröße angepasst. Die Rähmchen entsprechen den großflächigen Dadant-Brutraumwaben (im Hochformat) und können mit handelsüblichen Schleudern geschleudert werden. Oder Sie verarbeiten die Honigwaben zu Tropf-, Press- oder Scheibenhonig (Seite 26 und 27).

Vorteile	Nachteile
Sehr naturnah: Hochwabe ermöglicht ein großes geschlossenes Brutnest und eine gute Eigenversorgung mit Honig.	Honig kann nicht komplett geerntet werden, keine Sortenhonige möglich.
Rückenschonend, bequeme Arbeitshöhe, kein schweres Heben nötig.	
Einfache Betriebsweise, gut für Einsteiger und Freizeitimker.	
Relativ schnelle, für die Bienen stressfreie Durchsicht möglich.	
Sehr gute Schritt-für-Schritt-Betreuung unter www.mellifera.de.	

In der Mellifera-Einraumbeute baut das Bienenvolk sein Wabenwerk naturnah in Hochwaben.

Weitere Beuten

Es gibt weitaus mehr Beuten, die ich aber nicht für den Einstieg empfehlen würde. Die sehr ursprünglichen Bienenkörbe oder Klotzbeuten erfordern viel Erfahrung und jede Menge Spezialwissen. Die Warré-Beute ist eine Art Vorgängermodell der Magazinbeuten ohne bewegliche Rähmchen. Die Bienen bauen ihre Waben an der Beutenwand fest (Stabilbau) und zur Schwarmzeit gehen manchmal viele Schwärme ab. Dies kann einen Anfänger überfordern.

Eine Warré-Beute mit Guckzargen, also mit eingebauten Glasfenstern, ermöglicht tolle Einblicke ins Volk. Zu viel gucken stresst allerdings die Bienen.

BienenBox

Wenn Sie wenig Platz haben, kommt für Sie vielleicht die BienenBox von Stadtbienen e. V. infrage. Sie nicht zu verwechseln mit der Bienenkiste, sondern eher eine verkleinerte Variante der Mellifera-Einraumbeute und für die Aufhängung am eigenen Balkon optimiert. Sie können mit der Beute mit Naturwabenbau imkern und bis zu 15 kg Tropf-, Press- oder Scheibenhonig im Jahr ernten.

Vorteile	Nachteile
Rückenschonend, kein schweres Heben nötig.	Honig kann nicht komplett geerntet werden, keine Sortenhonige möglich.
Platzsparend, geeignet für den Balkon.	Relativ „junge“ Beute ohne Erfahrungsberichte über einen längeren Zeitraum.
Anfängerfreundlich, gut für Einsteiger und Freizeitimker.	Gegebenenfalls Futterabriss bei längeren Kältephasen im Winter möglich.
Sehr gute Schritt-für-Schritt-Betreuung unter www.bienenbox.de.	

Die BienenBox kann sowohl am Balkon angebracht als auch im Garten oder auf dem Dach aufgestellt werden.

Der ideale Standort

Im Garten, Wald oder Park, auf dem Dach, Friedhof oder Balkon ... alles ist möglich! Sie sollten bei der Standortwahl vor allem darauf achten, dass Ihre Bienen das Jahr über ausreichend Nahrung finden. Dies entscheidet letztlich darüber, ob Ihr Volk gesund und gestärkt in den Winter geht.

Wenn Sie sich unsicher sind, ob Ihr Wunschstandort geeignet ist, fragen Sie am besten einen Imker in der Nähe. Er kennt die Trachtverhältnisse auf jeden Fall! Auch über den Mailverteiler von Imkergruppen oder -vereinen lässt sich oft ein guter Standort finden.

Gut zu wissen
Sammelbienen fliegen im Notfall bis zu 5 km weit zur nächsten Futterstelle. Dennoch sollten möglichst im Umreis ungefähr von 1 km gute Trachtquellen vorhanden sein.

Ein Anflugbrett erleichtert den Bienen Abflug und Ankunft.

Morgensonne bevorzugt

Bienen mögen es warm, aber nicht zu heiß, luftig, aber nicht zu windig. Idealerweise steht Ihr Bienenstock weder in der prallen Sonne, noch im kompletten Schatten – am besten etwas geschützt unter einem Blätterdach oder Unterstand. Stellen Sie die Beute mit dem Flugloch Richtung Südosten, so können Ihre Bienen mit der ersten Sonnenstrahlen in den Tag starten.

Freie Flugbahn

In Abflugrichtung sollten weder Gehweg noch Kinderspielplatz und auch nicht die Eingangstür des Nachbarn sein. Sie können den Bienenflug etwas beeinflussen: Wenn sich in der Einflugschneise eine etwa 2 m hohe Hecke oder Ähnliches befindet, werden die Sammlerinnen gleich auf eine gewisse Flughöhe gelenkt und stören niemanden.

Meine Nachbarn jubelten: „So viele Früchte haben wir noch nie gehabt!“

Platz für Equipment

Bietet Ihr Wunschstandort genügend Platz für einen zusätzlichen Schuppen oder eine Kiste? Im Laufe der Zeit werden Sie erfahrungsgemäß immer mehr Material anhäufen. Auch Abstellflächen für schwere Zargen, Smoker & Co. sind wichtig, denn bei der Arbeit am Bienenvolk sollten Sie komfortabel und rückengerecht (!) hantieren können.

Alles was Recht ist

Auf dem Land wie auch in der Stadt wird die Bienenhaltung als ortüblich angesehen und ist rechtlich gesehen erlaubt. Die Anzahl der Bienenvölker sollte allerdings nicht den ortsüblichen Rahmen sprengen. In der Stadt dürfen Sie bis zu sechs Völker bedenkenlos aufstellen, auf dem Land sind es mehr.
Wenn Sie Ihre Beute im öffentlichen Raum aufstellen, sollten Sie auf alle Fälle ein Schild anbringen mit Ihrem Namen und Ihrer Handynummer. Auch Hinweise wie „Hier leben Bienen“ oder „Bitte stellen Sie sich nicht direkt vor das Flugloch“ sind hilfreich.

Skeptiker in der Nachbarschaft

Egal ob Sie misstrauische, ängstliche oder naturliebe Nachbarn haben, Sie sollten sie über Ihr Vorhaben informieren. Einige Menschen haben Angst vor Bienen. Nehmen Sie solche Äußerungen ernst, auch wenn Sie wissen, dass Ängste vor Bienen unbegründet sind. Ich empfehle vorab zu informieren und aufzuklären und später den Nachbarn zu einer kleinen Führung direkt an den Bienenstock einzuladen. Das begeistert jeden Laien! Spätestens mit dem ersten Glas Honig verfliegen die Zweifel. Und wenn Ihr Nachbar einen Nutzgarten hat, wird ihn die üppige Obst- und Gemüseernte überzeugen.

»

Wenn ich länger nicht bei meinen Bienen bin, vermisse ich sie regelrecht. Oft fahre ich einfach so hin, auch wenn nichts an ihnen zu tun ist. Deswegen empfehle ich einen schnell erreichbaren Standort, am besten natürlich zu Hause.

Fertig zum Einzug

Um Ihre Beute vor UV-Strahlung und Feuchtigkeit zu schützen, können Sie sie außen mit einem bienenfreundlichen und atmungsaktiven Anstrich versehen, zum Beispiel mit Öko-Holzlasur oder Leinölfirnis. Aber keinesfalls innen anstreichen!

Sie können für Ihre Beute einen Tisch oder ein Podest bauen, damit sie gerade steht.

Alles im Wasser!?

Stellen Sie Ihre Beute auf Paletten, dann wird der Beutenboden nicht zu feucht und die Luft kann besser zirkulieren. Außerdem arbeitet es sich angenehmer, wenn alles etwas erhöht steht. Wichtig ist, dass die Beute gerade steht. Am besten kurz mit einer Wasserwaage überprüfen! Denn im „Stockdunkeln" dient den Bienen unter anderem die Schwerkraft zur Orientierung. Steht die Beute schräg, bauen die Bienen ihre Waben schräg und Sie können die Rähmchen nicht mehr problemlos ziehen.

Sturmsicher
Beschweren Sie den wetterfesten Außendeckel der Beute mit Ziegelsteinen. Turmartige Magazinbeuten am besten mit einem Spanngurt samt Dach und Palette festzurren.

Drähte oder Holzspieße

Wenn Sie wesensgemäß (Seite 44) mit Naturwabenbau arbeiten wollen, sollten Sie, um Abrisse zu verhindern, die Waben in den Rähmchen stabilisieren. Sie können die Rähmchen drahten. Dabei sollten die feinen Edelstahldrähte möglichst stramm gespannt werden. Oder Sie stecken etwa 5 cm lange Holzspieße (3-mm-Dübelstangen oder Schaschlik-Spieße) in die für die Drähte vorgesehenen Löcher. Die Bienen bauen sowohl Drähte als auch Spieße problemlos ins Wabenwerk ein.
Arbeiten Sie lieber mit Mittelwänden statt Naturwabenbau, müssen Sie die vorgeprägten Wachsplatten noch in die gedrahteten Rähmchen löten. Anleitungen zum Drahten und Einlöten finden Sie im Internet.

Rähmchen der Mellifera-Einraumbeute mit Pilzköpfen, Holzspießen und Schiffskeil am Oberträger.

Schiffskeile oder Dreiecksleisten

Rähmchen für Naturwabenbau haben manchmal spitz zulaufende „Schiffskeile“ am Oberträger, damit die Bienen mittig bauen und keinen Wildbau errichten. Als Bauvorgabe sind ebenfalls einfache Dreiecksleisten aus dem Baumarkt möglich. Wenn Sie die Mittelkante mit flüssigem Bienenwachs einpinseln, lotsen Sie die Bienen an die richtige Stelle. Manche Oberträger haben eine Nut. Darin können Sie schmale Wachsanfangsstreifen, geschnitten aus Mittelwänden, mit Bienenwachs befestigen, wie es in der Bienenkiste vorgesehen ist (www.bienenkiste.de).

Pilzköpfe und Wabengassen

Zwischen den parallel hängenden Rähmchen ist ein Abstand nötig, damit auf jeder Wabe ungehindert Bienen laufen können. Mit Abstandhaltern (Pilzköpfe oder Kreuzklemmen) verhindern Sie ein Zusammenrutschen der Rähmchen. Denn ist die Wabengasse zu groß, bauen die Bienen Wachsbrücken und die Rähmchen sich nicht mehr beweglich. Pro Rahmen genügen vorne links und hinten rechts je zwei Abstandhalter.

Bee space
Zwischen Rähmchen und Beutenwand sowie zwischen Zargen muss der sogenannte bee space von ungefähr 8 mm gegeben sein. Zu große Abstände verbauen die Bienen mit Wachs, zu kleine verkitten sie mit Propolis.

Zur Abdeckung der Rähmchen empfehle ich Leinenstoff oder ein atmungsaktives Wachstuch.

Grundausstattung für Neuimker

Man kann als Imker viele tausend Euro in das Equipment stecken – muss aber nicht! Ich würde mit einer einfachen Imkergrundausstattung beginnen, die Sie im Imkereifachhandel oder im Internet kaufen.

Mit dem Stockmeißel lassen sich die Rähmchen leicht lösen.

Keep it simple!
Ohne den Einsatz von allzu viel „schwerem Gerät" spart man nicht nur Geld, sondern ist meiner Meinung nach auch „näher dran an den Bienen".

Stockmeißel

Da Bienen sämtliche Zwischenräume mit Propolis verkitten, brauchen Sie einen Stockmeißel, um Zargen voneinander zu lösen oder einzelne Rähmchen zu entnehmen. Auch unerwünschte Wachsbrücken zwischen Rähmchen oder Zargen werden damit einfach entfernt.
Kosten: 6 bis 8 EUR.

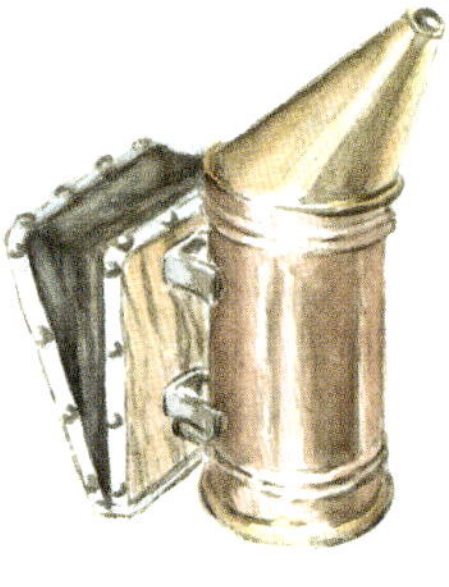

Meist genügen wenige kurze Rauchstöße aus dem Smoker und die Bienen verziehen sich in die Wabengassen.

Smoker und Brennmaterial

Bei manchen Arbeiten am Bienenvolk lässt es sich mit Rauch aus dem Smoker oder aus der Imkerpfeife entspannter arbeiten. Hier sollten Sie nicht sparen und sich einen großen Smoker zulegen (25 bis 30 EUR). Als Brennmaterial eignen sich Eierpappkartons (möglichst ohne Aufdruck), Sägespäne, morsches Holz und unbehandeltes Stroh. Getrocknete Kräuter oder Rainfarn sorgen für einen beruhigenden Duft.

Feueralarm!

Rauch suggeriert den Bienen „Feuer". Sie ziehen sich in die Wabengassen zurück und saugen sich mit Honig voll. Wenn sie vor dem Brand aus dem Nest flüchten müssen, sind sie mit gefüllter Honigblase zwar etwas träge, aber für den Notfall gewappnet.

Bienenbesen

Mit dem Bienenbesen fegen Sie bei der Honigernte die Waben bienenfrei oder einen Schwarm in die Schwarmfangkiste. Bei der normalen Völkerdurchsicht bleiben die Bienen auf den Waben und werden höchstens mit etwas Rauch zurückgedrängt, damit Sie zum Beispiel die Brut begutachten können. Kosten: 3 bis 6 EUR.

Mit dem Bienenbesen werden die Bienen von der verdeckelten Honigwabe gefegt.

Weder rollen, noch pusten!

Bienen mögen es nicht, wenn sie „gerollt" werden. Also gefühlvoll, aber kurz und zügig abkehren. Und niemals anpusten, das können sie gar nicht leiden! Noch besser: Ist die Wabe stabil im Rahmen, kann das Rähmchen schnell und ruckartig senkrecht nach unten abstoßen werden und die Bienen purzeln in die Beute.

Hut und Handschuhe

Stiche in der Kopfgegend sind sehr unangenehm. Und selbst wenn Ihre Bienen extrem friedlich sind, kann es passieren, dass sich eine in Ihren Haaren verfängt und aus Panik zusticht. Mit Imkerhut arbeiten Sie wesentlich entspannter, was wiederum den Bienen guttut. Kosten: 15 EUR. Die klassischen Imkerhandschuhe reichen bis zum Ellenbogen und sind meistens aus Leder. Kosten: 10 bis 15 EUR. Ich selbst arbeite lieber ohne Handschuhe, weil ich dann mehr Gefühl und alles „besser im Griff" habe. Statt Overall oder Imkerjacke samt -hose genügt es, wenn Sie einen dickeren langärmeligen Pulli mit engen Bündchen tragen und eine lange Hose, die Sie in Ihre Socken stecken.

Weiteres Zubehör

Für die Varroabehandlung (Seite 110) brauchen Sie dann noch Oxal- und Ameisensäure sowie einen Nassenheider Verdunster (gesamt rund 25 EUR). Für die Honigernte (Seite 93) eine lebensmittelechte Kunststoffbox, ein bis zwei Honigeimer, ein grobes und ein feines Honigsieb und Honiggläser (rund 35 EUR). Zum Einfangen von Schwärmen habe ich mir später noch einen Wassersprüher, Schwarmfangsack samt Teleskopstange und eine schlichte Schwarmfangkiste besorgt (Seite 76 und 77).

Mit der hellen Schutzkleidung sieht der Imker auf keinen Fall wie ein Schwarz- oder Braunbär aus, dem natürlichen Feind der Bienen.

Gut zu wissen

In manchen Bundesländern bekommen Neuimker Fördergelder für Imkereizubehör. Fragen Sie einfach beim Imker-Landesverband Ihres Bundeslandes nach.

Endlich: Die Bienen kommen

Alle Voraussetzungen sind erfüllt, die vorbereitete Beute steht an ihrem Standort und die Grundausstattung ist gekauft? Dann fehlt Ihnen nur noch das Wichtigste: Bienen! Sie können mit einem Bienenschwarm, der eingefangen oder vorweggenommen wurde, einem Ableger oder einem Kunstschwarm starten.

Mein neuer Schwarm

Mellifera e. V. hat die kostenlose „Schwarmbörse" ins Leben gerufen. Das ist keine Onlineplattform für Singles, sondern für Bienenschwärme! Neben Schwarmsuchenden sind hier Imker registriert, die Schwärme anbieten oder bereit sind, herrenlose Schwärme einzufangen. Anfänger werden bevorzugt behandelt, da ihnen der Einstieg in die Imkerei erleichtert werden soll. Wer Kontakt zu Imkern hat, etwa aus der Nachbarschaft oder über regionale Imkergruppen oder Imkervereine, bekommt vielleicht auch auf diesem Weg einen Schwarm.

Naturschwarm

Naturschwärme entstehen durch natürliches Schwärmen des Bienenvolkes. Sie kosten in der Regel zwischen 100 EUR (Vorschwarm mit begatteter Königin) und 50 EUR (Nachschwarm mit unbegatteter Jungkönigin). Da nicht alle Jungköniginnen vom Hochzeitsflug zurückkehren, sind Nachschwärme günstiger, manchmal sogar kostenlos.

Künstlich erzeugte Jungvölker

Die meisten zum Kauf angebotenen Bienenvölker sind Kunstschwärme und Ableger (70 bis 120 EUR). Im Gegensatz zu Natur- und vorweggenommenen Schwärmen (Seite 78) wurden diese Jungvölker künstlich vom Imker gebildet, bevor die Bienen in Schwarmstimmung kamen. Vorteil: Sie müssen nicht die Schwarmzeit abwarten. Nachteil: Die Bienen sind nicht so vital, baufreudig und voller Energie wie ein Naturschwarm.

Ein Ableger kommt nicht als „nackter" Schwarm zu Ihnen, sondern samt Rähmchen mit Wabenwerk. Unter Umständen können die alten Waben mit Krankheitserregern belastet sein. Außerdem muss das Rähmchenmaß zu Ihrer Beute passen.

Bei der Belegung eines Imkerkurses in einem Imkerverein bekommen Sie meist einen Ableger geschenkt. Wenn Sie ein Bienenvolk über eine Anzeige in der Imkerfachpresse kaufen, sollten Sie auf das dazugehörige Gesundheitszeugnis bestehen. Und kaufen Sie keinesfalls Bienenvölker aus dem Ausland! Das fördert die Verbreitung von Bienenkrankheiten.

Dieser Schwarm hat sich an einem kleinen Kirschbaum niedergelassen.

Mit einem Besen, einer einfachen Kiste und zwei Helfern wurde er wieder eingefangen.

Um einen Kunstschwarm zu bilden, stößt der Imker etwa 2 kg Bienen aus einem starken Volk direkt in einen Transportkasten.

Kunstschwarm und Ableger

Für einen Kunstschwarm werden mindestens 2 kg Bienen aus einem starken Volk entnommen und mit einer fremden möglichst begatteten Königin ergänzt. Damit sich die Bienen an den Geruch der unbekannten Königin gewöhnen, wird diese erstmal in einem Zusetzkäfig, der mit Futterteig verschlossen wurde, in die Schwarmkiste gehängt. Nach und nach fressen sich die Arbeiterinnen durch den Futterteig und befreien dadurch ihre neue Königin.
Beim klassischen Brutableger entnimmt der Imker einzelne Rähmchen aus einem starken Volk und stellt daraus ein neues Volk zusammen: meist zwei bis vier Brutrahmen samt aufsitzenden Bienen, aber ohne Königin, und zwei bis vier Honigwaben. Die Brutwaben sollten verdeckelte Brut, Eier und jüngste Larven aufweisen. Da sich das Ablegervolk in einer Notsituation ohne Königin befindet, wird es aus der jungen offenen Brut eine Königin nachschaffen (Seite 117). Oder der Imker gibt, wie beim Kunstschwarm beschrieben, eine begattete Fremdkönigin ins Volk.

Anmeldung beim Veterinäramt

Jeder Imker muss sein Bienenvolk beim zuständigen Veterinäramt melden. Das ist in den meisten Fällen recht unspektakulär: Einfach anrufen und die Anzahl der Völker sowie deren Standorte angeben. (Manchmal kommt ein Amtstierarzt vorbei, um eine Futterkranzprobe zu entnehmen). Dann bekommen Sie eine Registriernummer und erfahren zukünftig, wenn bei einem Bienenvolk in Ihrer Nähe etwa die bösartige Faulbrut (Seite 112) ausgebrochen ist und Sperrbezirke verhängt werden.

Auf Nummer Sicher
Eine Versicherung ist keine Pflicht! Wenn Sie sich aber gerne absichern, fragen Sie Ihre Haftpflichtversicherung, ob Bienenhaltung inklusive ist oder Sie eine Zusatz-Versicherung abschließen können. Als Mitglied im Imkerverein sind Sie über die Vereinsbeiträge automatisch mitversichert.

Mit Bienen durchs Jahr

Das Bienenvolk entwickelt sich entsprechend der jahreszeitlichen Veränderungen, die in jeder Region verschieden weit fortgeschritten sind. Als Imker bekommen Sie ein Gespür dafür und passen Ihre Arbeitsschritte an Wetterlagen, Blütezeiten und den natürlichen Rhythmus Ihrer eigenen Bienen an.

Was Schritt für Schritt im Jahreslauf an den Bienen zu tun ist, lernen Sie ausführlich in einem Imkerkurs. Hier bekommen Sie einen ersten Eindruck, was beim naturnahen, wesensgemäßen Imkern auf Sie zukommt.

Mai/Juni: Wenn Bienen ins Schwärmen geraten …

Honigbienenvölker pflanzen sich im Mai oder Juni fort, indem sie schwärmen. Idealerweise steigen Sie jetzt in Ihr neues Hobby mit einem Naturschwarm ein. So können Sie die Entwicklung Ihres Bienenvolkes quasi vom Geburtstermin an verfolgen. Ihre erste Handlung als Neuimker ist dann das Einlogieren des Schwarms.

Tracht im Mai/Juni

Im Mai und Juni hat die Natur viel Nektar und Pollen zu bieten: Der Löwenzahn blüht, nach und nach öffnen die Obstbäume ihre Blüten und die Rapsfelder färben sich gelb.

Hülle und Fülle – in Natur und Bienenvolk

Die Bienen nutzen jetzt das reichhaltige Angebot an Pollen und Nektar in der Natur: Die Königin legt bis zu 2 000 Eier täglich, das Volk wächst stark an. Es gibt viel verdeckelte Brut und jede Menge Jungbienen, erkennbar am kaum abgenutzten, dichten „Fell“. Jetzt werden auch vermehrt Drohnen aufgezogen.
In der Behausung wird es allmählich zu eng, und die Bienen geraten in Schwarmstimmung. Sie wollen sich vermehren und ziehen sich dazu eine neue Königin heran. Zur Sicherheit pflegen sie gleich mehrere Königinnenzellen (Weiselzellen).

Im Mai wächst das Volk stark an: Neben den Sammelbienen und laut brummenden Drohnen fliegen sich die Jungbienen ein: Beim Jungbienenvorspiel fliegen junge Bienen immer größer werdende Achter-Schleifen vor dem Flugloch, um sich ihr Zuhause genau einzuprägen.

Angelockt vom vertrauten Pheromonduft sammelt sich nach und nach der gesamte Schwarm um die Königin.

Schwärmen hält das Volk gesund

Damit Sie verstehen, wie ein Naturschwarm entsteht, beginnt dieses Kapitel mit dem Aufkommen des Schwarmtriebs im Muttervolk. Vielleicht haben Sie ja Glück und erleben den Auszug oder das Einfangen Ihres neuen Schwarmes selbst mit.

Wenn Sie die Schwarmstimmung bei Ihren Bienen zulassen, merken Sie, wie vital und energiegeladen Ihre Völker sind und wie gut sie sich entwickeln. „Die Verhinderung des natürlichen Schwarmtriebes ist ein widernatürlicher Eingriff, der zu Folgeschäden führt“, sagt Bienenforscher Thomas Seeley. Das Schwärmen hält das Bienenvolk gesund, denn Krankheitserreger und Varroamilben werden zurückgelassen.

» „Einen Schwarmauszug werden Sie nie wieder vergessen: Rund 500 Bienen pro Minute strömen wie Wasser aus dem Flugloch, der Himmel summt und ist erfüllt von umherflitzenden Energiepaketen. Es duftet frisch und irgendwie nach Zitrone. Wie von einem Magneten angezogen finden sich alle Bienen allmählich zu einer Traube zusammen und Ruhe kehrt in die neue Einheit ein.“

Der Vorschwarm

Bei gutem Wetter und frühestens am Tag der Verdeckelung der ersten Weiselzelle – also neun Tage (!) nachdem die Zelle bestiftet wurde (Seite 14) – ist es soweit: Etwa die Hälfte des Volkes verlässt mit der alten Königin den Stock. Dieser Vorschwarm sammelt sich meist in der Nähe der alten Behausung als geschlossene Schwarmtraube um die Königin. Ein neues Volk ist entstanden.
Diese Traube hängt ein paar Stunden, manchmal auch Tage, bis die Kundschafterinnen des Schwarms einen geeigneten Nistplatz in der Umgebung ausfindig gemacht haben. In dieser Ruhezeit kann der Imker das geschwärmte Volk einfangen.

Demokratisch tanzen

Wird der Schwarm nicht eingefangen, findet auf der Schwarmtraube ein hochdemokratischer Entscheidungsprozess statt. Ein paar Hundert Kundschafterinnen suchen die Gegend nach neuen potenziellen Nisthöhlen ab. Die verschiedenen Orte werden jeweils von der fündigen Biene auf der Oberfläche des Schwarms bekanntgegeben: Sie tanzt!
Hat sie einen besonders geeigneten Platz gefunden, tanzt sie sehr lange und aufgeregt. Andere Bienen werden aufmerksam und fliegen – den Informationen des Tanzes folgend – zu der Nisthöhle, um sie zu begutachten. Kommen auch sie wild und beherzt tanzend zurück, folgen mehr und mehr Bienen diesem Beispiel. Gibt es zwei oder mehrere attraktive Orte, wird so lange „abgestimmt“, bis eine klare Entscheidung gefallen ist. Das ist Bienendemokratie, wie es Seeley in seinem tollen Buch ausführlich beschreibt.

Muttervolk und Nachschwarm

Und was passiert im alten Volk? Im sogenannten Muttervolk schlüpft nach weiteren fünf bis acht Tagen die erste Jungkönigin. Bei einem starken Volk kann es passieren, dass sie ebenfalls auszieht und ein weiteres neues Volk entsteht. Dieser Nachschwarm fällt etwa eine Woche nach dem Vorschwarm. Manche Muttervölker schwärmen mehrfach. Will man als Imker weitere Nachschwärme verhindern, müssen alle Weiselzellen bis auf eine gebrochen werden.
Jungköniginnen sind nach wenigen Tagen begattungsreif und gehen auf Hochzeitsflug (Seite 11). Eine erfolgreich begattete Königin kehrt mit prall gefülltem Hinterleib zurück, in dem manchmal noch ein Teil des Begattungsapparats des letzten Drohns steckt. Nach ein paar Tagen beginnt sie mit der Eiablage und als Imker freut man sich über die ersten Stifte auf den Zellböden.

Tüten und Quaken

Eine frisch geschlüpfte Jungkönigin gibt tütende Töne von sich. Damit signalisiert sie den schlupfreifen Jungköniginnen, dass es bereits eine Königin gibt. Diese antworten ihr, allerdings klingt das aus der verschlossenen Zelle wie ein dumpfes Quaken. Verstummt das Tüten, weil die Jungkönigin mit dem Nachschwarm ausgezogen ist, dann schlüpft die nächste Jungkönigin. Ist das Volk zu klein, um ein weiteres Mal zu schwärmen, sticht die geschlüpfte Königin die restlichen Jungköniginnen in ihren Zellen ab.

Das tütende Geräusch einer Jungkönigin wird durch Vibrationen ihrer Flugmuskulatur erzeugt und ist sogar außerhalb der Beute hörbar!

Schwarmkontrolle

Bei der Schwarmkontrolle suchen Sie spätestens alle neun Tage – besser wöchentlich – nach bestifteten Weiselzellen. Diese werden von den Bienen meistens an den unteren Rand der Wabe gebaut. Sehen Sie sich vorsichtshalber die gesamten Wabenflächen an, damit Sie keine Königinnenzelle übersehen. Wenn Sie eine Weiselzelle entdeckt haben, ermitteln Sie anhand des Brutstadiums den Tag der Zellverdeckelung (neun Tage nach dem Bestiften, Seite 14) und kennen nun den frühesten Schwarmtermin.

Drei, fünf, acht ...

... und die Königin ist gemacht! **Drei** Tage Ei (erst aufrecht, dann schräg, dann liegend), **fünf** Tage wachsende Rundmade, nach Verdeckelung weitere **acht** Tage, bis aus der verdeckelten Puppe die Königin schlüpft.

Was Sie als Imker tun

Wenn Sie mit einem Naturschwarm in die Bienenhaltung einsteigen werden, kommen diese ersten Schritte erst nächstes Jahr auf Sie zu. Während der Schwarmzeit sollten Sie regelmäßig bei Ihren Bienen sein – keine gute Zeit, um in den Urlaub zu fahren! Sie prüfen, ob das Volk genügend Platz hat und ob Sie Spielnäpfchen oder gar Weiselzellen entdecken. Wenn es sehr voll im Stock ist und viel Tracht vorhanden, sollten Sie erweitern: Sie hängen Rähmchen dazu, beziehungsweise setzen eine weitere Zarge auf.

Erweitern, aber wie?

Leere Bruträhmchen kommen zwischen Brutnest und Beutenwand. Rähmchen, in die Honig eingelagert werden soll, hängen Sie auf die andere Seite vom Brutnest (fluglochfern). Als Honigrähmchen können Sie auch alte, leere Naturwaben (falls Sie Honig geschleudert haben) verwenden oder Rähmchen mit Mittelwänden.

Achtung: Schwarmstimmung! Rechts im Bild ist erstmal nur ein Spielnäpfchen zu sehen, die Larve in der mittleren Weiselzelle wird noch versorgt, aber die linke Weiselzelle ist bereits verdeckelt.

Spielnäpfchen

Bevor es mit der Schwarmstimmung so richtig losgeht, werden im Volk oft sogenannte Spielnäpfchen gebaut. Sie sind eine Art Vorstufe der Weiselzelle und sehen aus wie eine kleine Schale mit nach innen gebogenen Rändern. Oft passiert mit den Spielnäpfchen weiter nichts. Werden die Ränder des Näpfchens jedoch zunehmend verlängert und der Zellboden poliert, ist das ein Zeichen, dass es für die Königin zum Bestiften vorbereitet wird. Befindet sich im Näpfchen tatsächlich ein Ei, wird es ernst ...

Einen Schwarm einfangen

Sie haben rund um den Schwarmtermin Ihre Bienen im Blick, das Gelände ist überschaubar und Sie oder Ihr Imkerpate sind gerüstet zum Schwarmfang? Dann stehen die Chancen gut, dass Sie einen abgehenden Schwarm bemerken und einfangen. Beobachten Sie genau, wo sich der Schwarm niederlässt. Hat sich eine Schwarmtraube gebildet, besprühen Sie die Bienen mit einem Wassersprüher. Sie ziehen sich daraufhin enger zusammen und fliegen nicht mehr so schnell auf.

Schwarmkiste

Sie können eine Schwarmkiste kaufen oder auch selber machen (mehrere Nachbau-Varianten gibt es zum Beispiel auf www.bienenkiste.de). Wichtig ist, dass die Kiste gut belüftet ist, sonst „verbrausen“ die Bienen: Das bedeutet, es wird zu heiß darin und die Bienen sterben. Idealerweise ist der Deckel stabil und abnehmbar. Denn dann bilden die Bienen eine geschlossene Traube am Deckel und können leichter einlogiert werden.

Hängt der Schwarm an einem Ast, können Sie ihn kurz und kräftig in eine Schwarmkiste schütteln. Ansonsten fegen Sie mit dem Bienenbesen den größten zusammenhängenden Teil des Schwarms in die Kiste. Stellen Sie die Kiste in direkter Nähe auf, möglichst etwas in den Schatten. Ist die Königin drin, werden die anderen Bienen ihrem Pheromonduft folgen. Sind alle Bienen eingezogen, kommt die Kiste mit geschlossenem Flugloch und beidseitig geöffnetem Lüftungsgitter 24 Stunden lang an einen ruhigen, kühlen Platz. Während dieser sogenannten Kellerhaft beruhigt und sammelt sich das neu gegründete Volk.

Aufbruch ins Ungewisse

Ein Bienenschwarm lässt alles hinter sich – den schützenden Hohlraum samt Wabenwerk, Brut und Futter – und beginnt ganz von vorn. Dafür muss Energie getankt werden: Kurz vor Abflug saugen sich die Schwarmbienen mit Honig voll. Denn mit gefüllter Honigblase könnten sie im Notfall ein paar Tage lang überleben. Deswegen muss ein Naturschwarm in „Kellerhaft“ nicht gefüttert werden.
Kurz vor dem Schwärmen wird die Beute übrigens um etwa 2 kg leichter. Die mit Honig vollgetankten Schwarmbienen sind nun auf etwa 35 °C aufgeheizt – sie haben einen Teil ihres Kraftstoffs direkt in Wärmeenergie umgewandelt.

Mit Schwarmfangsack, Leiter und Teleskopstange können hoch hängende Schwärme eingefangen werden.

Aus dem Sack kommt der eingefangene Schwarm in die Schwarmfangkiste, die schnell geschlossen wird.

Ist die Königin in der Kiste, folgen die restlichen Bienen.

Schwarmvorwegnahme

Wenn Sie Ihre Bienen nicht kontrolliert schwärmen lassen können, sollten Sie den Schwarm vorwegnehmen. Da diese Art der Völkervermehrung über den Schwarmtrieb erfolgt, kommt sie der natürlichen Vermehrung der Bienen sehr nahe. Mit der Bildung von Ablegern oder Kunstschwärmen (Seite 66, 68 und 69) können Sie auch Völker vermehren. Allerdings wird hierbei der natürliche Schwarmtrieb unterdrückt.

Bei der Schwarmvorwegnahme greifen Sie erst kurz vor der Verdeckelung der ersten Weiselzelle ein. Sie suchen und käfigen die Königin. Dann stoßen oder kehren Sie etwa 2 kg Bienen von drei bis fünf Bruträhmchen in die Schwarmfangkiste und lassen am Ende die Königin dazulaufen.

Der vorweggenommene Schwarm sammelt und beruhigt sich während einer ein- bis dreitägigen Kellerhaft. Da sich die Bienen nicht wie beim Naturschwarm kurz vor dem Abflug die Honigmägen vollschlagen konnten, muss der vorweggenommene Schwarm gefüttert werden (Seite 82).

Gut zu wissen

Vorweggenommene Schwärme sowie Ableger und Kunstschwärme sollten außerhalb des Flugradius (3 km) des Muttervolkes stehen. Ein Naturschwarm kann dagegen direkt neben das Muttervolk gestellt werden.

Einen Schwarm einlogieren

Ab hier beginnt nun Ihr Einsatz als Neuimker – am besten zusammen mit Ihrem Imkerpaten! Am frühen Abend nach der Kellerhaft ziehen Ihre Bienen in ihr neues Zuhause ein. Lösen Sie vorsichtig den Deckel der Schwarmkiste. Dort hängen die meisten Bienen als Traube um die Königin. Wenn Sie die Bienen etwas mit Wasser besprühen, verhindern Sie ein Auffliegen. Mit einem kurzen, kräftigen Ruck schütteln Sie die Traube auf ein großes, helles Brett oder weißes Tuch, das schräg nach oben zum dunklen Flugloch führt. Die restlichen Bienen aus der Kiste werden dazugefegt. Kaum haben die ersten Bienen die dunkle Höhlung entdeckt, kommt Bewegung ins ganze Volk und nach und nach krabbeln alle durch das Flugloch ins Innere.

Es gibt verschiedene Hilfsmittel, um die Königin zu fangen.

Für einen ungefähr 2 kg schweren Schwarm hängen bereits 5 bis 6 Rähmchen in der Einraumbeute. Mit zwei Trennschieden wurde der Innenraum beidseitig der Rähmchen entsprechend eingeengt.

Die Schwarmtraube am Deckel der Schwarmkiste können Sie auf das helle Brett stoßen, die restlichen Bienen werden aus der Kiste gefegt.

Haben Ihre Bienen den dunklen Hohlraum entdeckt, krabbeln sie nach und nach ins Innere.

Füttern erlaubt!
Der Bautrieb eines natürlichen oder eines vorweggenommenen Schwarms ist besonders hoch. Vor allem bei unsicherer Trachtlage ist es sinnvoll, den eingezogenen Schwarm ab dem zweiten Tag zu füttern (Seite 82). Geben Sie mehrfach kleinere Portionen Flüssigfutter, zum Beispiel dreimal drei Liter. Mit einem kontinuierlichen Futterstrom kann das Volk seine ganze Energie in den Innenausbau stecken und wird schnell wachsen.

Regelmäßige Baukontrolle

Schauen Sie am nächsten Tag, wo sich die Bienen in der Beute versammelt haben. Wenn Sie eine Großraumbeute mit Rähmchen und einem oder auch zwei Trennschieden verwenden, sollte der Raum außerhalb der Schiede bienenfrei sein. Achten Sie darauf, dass die Waben mittig in die Rähmchen gebaut werden und kein Wildbau entsteht.
Weitere Rähmchen hängen Sie erst ein, wenn die meisten Rähmchen fast vollständig ausgebaut sind. Doch Vorsicht! Das kann manchmal recht schnell gehen. Erweitern Sie, bevor es dem schnell wachsenden Volk zu eng wird und es erneut in Schwarmstimmung gerät.
Ob und wo genau im Volk gerade gebaut wird, können Sie auch auf dem ausziehbaren Boden begutachten: Im Gemüll landen direkt unter den Baurähmchen massenhaft hauchdünne Wachsplättchen.

Brut- und Futterkontrolle

Eine Brutkontrolle verrät Ihnen, ob Ihr Jungvolk „weiselrichtig" ist. Zwei bis drei Wochen nach Einzug eines Vorschwarms müssten Sie verdeckelte Arbeiterinnenbrut sehen (Seite 15) als Zeichen dafür, dass die alte Königin immer noch befruchtete Eier legt. Wenn Sie mit einem Nachschwarm begonnen haben, sollten nach dieser Zeit Eier und Larven vorhanden sein, sonst wurde die Jungkönigin auf ihrem Hochzeitsflug (Seite 11) nicht erfolgreich begattet.
Neben der Brut prüfen Sie den Futtervorrat. Im Mai/Juni ist das Wetter mancherorts noch sehr wechselhaft. Bei Kälteeinbrüchen oder längeren Regenperioden können die Bienen nicht genügend Nahrung sammeln und müssen gegebenenfalls gefüttert werden.

Wenn Sie keine Baukontrolle machen, kann es zu Wildbau kommen. Hier haben die Bienen nicht ins Rähmchen, sondern ans Trennschied gebaut.

Bienen füttern

Die natürliche Nahrung der Bienen ist Honig. Deswegen ist es sinnvoll, entweder mit etwas Wasser verdünnten, flüssigen Honig zu füttern oder Zuckerwasser mit Honig aufzuwerten. Reines Zuckerwasser dagegen ist eine sehr einseitige Ernährung.

Vorsicht!
Füttern Sie **niemals fremde oder gar Supermarkthonige**, weil diese oft mit Faulbrutsporen verseucht sind!

Die perfekte Mischung

Mischen Sie für das Futter drei Teile weißen Haushaltszucker mit zwei Teilen lauwarmem, aber nicht zu heißem Wasser. Dazu kommen rund 10 % Honig, eine Prise Salz und etwas Kamillentee. Ganz wichtig: Verwenden Sie keinen braunen Zucker, davon bekommen die Bienen Durchfall. Füttern Sie besser in mehreren kleineren Portionen, statt alles auf einmal.

Das Futtergefäß

Das Futter kann einfach in einem mit Stroh oder halbierten Korken gefüllten Eimer hinter das Trennschied in die Beute oder in eine Leerzarge gestellt werden. Zweige oder schmale Äste, die von der Beutenwand in den Eimer führen, dienen den Bienen als Kletterhilfe. Achten Sie darauf, dass die Wände Ihres Futtergefäßes nicht zu glatt sind und die Bienen abrutschen und im Futter ertrinken. Sie können auch eine zu Ihrer Beute passende Futterzarge oder Futtertasche kaufen.

Vorsicht Räuber!

Beim Füttern gilt es Räuberei zu vermeiden. Deswegen muss der Futtereimer **in** die Beute gestellt werden. Wischen Sie eventuell entstandene Futterkleckse schnell weg. Zudem können Sie während der Fütterung das Flugloch etwas verkleinern.

Beim Füttern nichts verkleckern! Sonst werden sofort Bienen aus anderen Völkern angelockt und es könnte zu Räuberei kommen.

Sommer: Vorbereitung auf den Winter

Selbst bei hochsommerlichen Temperaturen stellt sich das Volk nun auf den Winter ein. Die Honigvorräte werden vergrößert, ab Ende Juli schlüpfen die langlebigen Winterbienen und bei der Drohnenschlacht im Spätsommer werden die männlichen Stockgenossen vom Futter abgedrängt und nicht mehr in den Stock gelassen.

Tracht im Sommer

Mancherorts gibt es üppige Sommertrachten: Kastanien, Robinien und Lindenbäume öffnen nach und nach ihre Blüten. Ebenso sind nun Himbeere und Brombeere sehr gute Nektar- und Pollenlieferanten.

Bienenbärte

An heißen Sommertagen müssen Sie sich nicht wundern, wenn sich Ihre Bienen plötzlich massenhaft außerhalb der Beute versammeln. Gerne hängen sie sich zum Beispiel ans Flugbrett, um nicht in den Wabengassen unnötige Wärme zu erzeugen.

Wenn es besonders heiß ist, bilden die Bienen außerhalb des Stocks Bienenbärte.

Ausdehnung und Zusammenzug

Bei einem guten Trachtangebot wächst Ihr Jungvolk den Sommer über zu einem überwinterungsfähigen Volk heran: Es ist mitten in der Entwicklungsphase und baut eifrig am Wabenwerk. Kinderstuben entstehen, aus denen noch mehr Arbeitskräfte schlüpfen, und Vorratskammern, die bis zum Herbst noch mit genügend Vorräten gefüllt werden müssen. Anders sieht es im Muttervolk aus: Dort hatte das Brutnest Anfang bis Mitte Juni seine größte Ausdehnung mit rund 2 000 schlüpfenden Jungbienen pro Tag. Doch mit der Sommersonnenwende am 21. Juni oder rund um Johanni am 24. Juni kommt der Wendepunkt: Sobald die Tage kürzer werden, legt die Königin weniger Eier, das Brutnest wird kleiner und es wird zunehmend Honig eingelagert.

Gut zu wissen
Bis Johanni wächst das Volk und dehnt sich aus, danach beginnt die Phase des Zusammenzugs.

Wie aus Nektar Honig wird

Die Honigbereitung läuft nun auf Hochtouren. Bereits in der Honigblase, in der die Sammlerin den Nektar zum Stock transportiert, wird der süße Blütensaft mit Enzymen angereichert und in Honig umgewandelt. Im Stock angekommen würgt die Sammlerin den Inhalt der Honigblase hoch und übergibt ihn einer Arbeiterin im Innendienst.
Dieser Honig ist noch nicht reif und wird nun von Biene zu Biene weitergereicht, jedes Mal geschluckt, mit Enzymen versehen, eingedickt und erneut hochgewürgt, bis er die richtige Reife hat. Dies ist daran zu erkennen, dass er einen Wassergehalt unter 18 % enthält und zähflüssig genug ist. Um den Honig zu trocknen, fächeln Arbeiterinnen in langen Ventilationsketten unentwegt feucht-warme Luft aus dem Stockinneren nach draußen. Die Bienen lagern den reifen Honig dann in Vorratszellen, die sie mit einem luftundurchlässigen Wachsdeckel verschließen.

Der unreife Honig wird von Biene zu Biene weitergereicht, um ihn reifen zu lassen.

Was Sie als Imker tun

Im Sommer stehen Honigernte, Varroabehandlung (Seite 110) und gegebenenfalls Auffütterung mit Zuckerwasser an. Bei Neuimkern ist das im ersten Jahr jedoch noch etwas anders: Egal ob Sie mit einem Ableger, vorweggenommenen oder Naturschwarm angefangen haben, bei Jungvölkern können Sie Honig erst im darauffolgenden Jahr ernten. Gegen die Varroamilbe müssen jedoch meistens auch junge Völker behandelt werden. Wie Sie den Varroabefall kontrollieren und die Varroabehandlung durchführen, erfahren Sie ab Seite 107.

Bau- und Brutkontrolle

Beobachten Sie weiterhin das Bauverhalten Ihres Jungvolkes und erweitern Sie bei Bedarf. Was können Sie auf den Brutwaben erkennen? Sind großflächige Brutnester vorhanden mit Brut in allen Stadien, hat sich Ihr neuer Schwarm gut entwickelt.
Da die Schwarmzeit noch bis Mitte Juni, manchmal auch bis August gehen kann, sollten Sie weiterhin Schwarmkontrollen durchführen und gegebenenfalls Weiselzellen ausbrechen. Allerdings nur, wenn es sich um Schwarmzellen und keine Nachschaffungszellen (Seite 117) handelt!

Trachtlücken und Futterkontrolle

Vor allem in ländlichen Gegenden, kann es im Sommer zu Trachtlücken kommen, wenn die Monokulturen verblüht sind. Beobachten Sie, ob es noch ausreichend Nahrung für Ihre fleißigen Flieger gibt. Zu heiße Sommer können für Bienen auch problematisch sein, da die Blütenpflanzen dann oft nicht „honigen“, also nicht genügend Nektar liefern. Falls Sie unsicher sind, kontrollieren Sie besser den Futtervorrat im Volk, notfalls müssen sie zufüttern (Seite 82).

Wassertränken

Bei großer Hitze brauchen Bienen viel Wasser, auch zur Kühlung des Stocks. Stille Gewässer oder Gartenteiche mit bemoosten Uferzonen mögen sie besonders. Bauen Sie vorsichtshalber eine Wassertränke, vor allem wenn Sie unsicher sind, ob Ihre Bienen in der Umgebung genug Wasser finden.
Damit die Bienen nicht in der Wasserstelle ertrinken können, bieten Sie ihnen zum Beispiel feuchten Torf, Kieselsteine oder einen flachen Stein als Landeplätze. Im Internet finden Sie zahlreiche weitere Vorschläge. Am besten probieren Sie einfach aus, was Ihre Bienen annehmen.

Tief durchatmen!
Genießen Sie ab und zu am Flugloch die nach süßem Honig, Wachs und Propolis duftende Stockluft, die von den Bienen nach außen gefächelt wird! So sorgen die Bienen für Umluft, wenn etwa Honig eingedickt oder zum Kühlen der Beute Wasser zur Verdunstung gebracht wird.

Um ein weiteres Schwärmen zu verhindern, werden Weiselzellen gebrochen.

Es ist so weit: Honigernte

Im ersten Sommer ist Ihr junges Volk noch im Aufbau und braucht seine Honigvorräte selbst. Vielleicht lädt Ihr Imkerpate Sie in diesem Jahr zur Honigernte bei seinen Völkern ein. Haben Ihre eigenen Bienen den ersten Winter gut überstanden, dann können Sie im darauffolgenden Sommer Ihren allerersten eigenen Honig ernten.

Zellen mit reifem Honig werden von den Bienen nach und nach verdeckelt.

Der richtige Zeitpunkt

Ein guter Zeitpunkt zum Ernten ist Ende Juli, Anfang August, so haben Sie danach noch genügend Zeit für die Varroabehandlung (Seite 110). Da Honig immer fluglochfern eingelagert wird, ernten Sie bei Magazinen den Honigaufsatz und in Großraumbeuten die Honigwaben im fluglochfernen Bereich.

Gut zu wissen
Ernten Sie am besten am frühen Morgen. Das Wachs ist stabiler, wenn es noch nicht so heiß ist. Außerdem fliegen noch nicht so viele Bienen herum, die ihren Honigvorrat verteidigen.

Mit einem Refraktometer lässt sich der Wassergehalt des Honigs exakt bestimmen.

Reifeprüfung

Unreifer Honig ist nicht haltbar und fängt mit der Zeit an zu gären. Er sollte noch in den Waben gelassen werden. Honig ist reif und kann geerntet werden, wenn sein Wassergehalt unter 18 % gesunken ist. Reifer Honig befindet sich in den verdeckelten Honigzellen und nur Honigwaben, die zu mindestens zwei Dritteln verdeckelt und brutfrei sind, werden geerntet.

Spritz- oder Kippkontrolle

Ob der Honig in den noch offenen Zellen kurz vor der Verdeckelung steht und bereits reif ist, können Sie per Kipp- oder Spritzkontrolle herausfinden. Halten Sie die Honigwabe waagerecht und stoßen Sie sie kräftig nach unten. Spritzt nichts heraus, kann der Honig geerntet werden.

Ungeliebter Honigdieb

Da Sie dem Volk beim Honigernten überlebenswichtige Vorräte rauben, werden Ihre Bienen nicht erfreut sein. Ziehen Sie auf jeden Fall Schutzkleidung an! Außerdem brauchen Sie eine bienendicht verschließbare, lebensmittelechte Box. Um die Bienen zurückzudrängen, können Sie anfangs etwas Rauch geben. Doch nicht zu viel, sonst schmeckt Ihr Honig danach.

Nun ziehen Sie Honigwabe für Honigwabe und fegen die aufsitzenden Bienen mit dem Bienenbesen zurück in die Beute. Verstauen Sie die Waben sofort in der bienendichten Kiste und wischen Sie verkleckerten Honig direkt weg. Sonst werden Bienen oder Wespen angelockt und es kann schnell zu Räuberei kommen.

Die Bienenflucht

Bei einer Magazinbeute können Sie ungefähr 24 Stunden vor der Honigernte eine Bienenflucht zwischen Honig- und Brutraum setzen. Sie funktioniert wie eine Einbahnstraße: Aus dem Honigraum können die Bienen problemlos durch das große Loch der Bienenflucht in den darunterliegenden Brutraum krabbeln. In umgekehrter Richtung erschweren ihnen jedoch schmal zulaufende Gänge den Durchgang, sodass der Honigraum mit der Zeit fast frei von Bienen ist. Die restlichen Bienen fegen Sie mit dem Bienenbesen ab.

Wie viel Honig nehme ich weg?

Honig ist nicht nur für uns Menschen gesund und wertvoll, sondern erst recht für die Bienen. Es ist ihre natürliche Nahrung. Deswegen lasse ich meine Bienen auf ihrem Honig überwintern und nehme im nächsten Sommer den Überschuss. Letztlich bleibt es Ihre Entscheidung, wie viel Honig Sie ernten. Ein starkes Volk braucht im Winter rund 15, maximal 20 kg Honig.

Je nach Beute und Fassungsvermögen der Honigaufsätze oder Rähmchen lässt sich nach der Sommerernte grob abschätzen, wie viel Vorrat noch im Volk ist. Fragen Sie Ihren Imkerpaten. Eventuell hat er auch eine Waage, um die verbliebenen Vorräte zu wiegen.

Auffüttern

Wenn Sie mehr als den Überschuss geerntet haben, ein Witterungswechsel das Nektarsammeln einschränkt oder kein gutes Trachtangebot mehr vorherrscht, füttern Sie mit Zuckerwasser auf (Seite 82). Weil sich Ihre Bienen daraus einen neuen Wintervorrat anlegen, sollte das Füttern bis Mitte September abgeschlossen sein.

Mit dem Bienenbesen fegen Sie aufsitzende Bienen von den Honigwaben. Eine beidseitig gefüllte Honigwabe (Deutsch Normalmaß) wiegt rund 5 kg.

Die Honigwaben werden so klein wie möglich zerstückelt, bis ein Wachs-Honig-Gemisch entstanden ist.

Zuerst trennen Sie den Honig vom Wachs mit einem groben Honigsiebtuch und seihen ihn danach, wenn Sie möchten, noch durch einem feines Seihtuch.

Honig auf einfache Weise gewinnen

Wenn Sie nicht viele Völker haben, sind weitere Anschaffungen wie eine Honigschleuder, Entdeckelungsgeschirr & Co. nicht unbedingt nötig. Honig lässt sich auch mit ganz einfachen Mitteln gewinnen. Sie haben dann keinen Schleuderhonig, sondern einen besonders aromatischen Tropf- beziehungsweise Presshonig (Seite 27). Ist Ihr Honig in hellen, unbebrüteten Naturwaben? Prima! Davon sollten Sie unbedingt ein paar Stücke herausschneiden. Das ist edelster Scheibenhonig (Seite 27).

Gut zu wissen

In manchen Zellen wurde Brut aufgezogen, bevor die Bienen Honig darin gelagert haben. Bienenlarven häuten sich mehrmals. Da diese Häutchen samt dem Kot der Larven in den Zellen bleiben, sind die bebrüteten, dunkel gefärbten Waben nicht für Press- oder Scheibenhonig geeignet.

Für die Honigernte brauchen Sie:

- 1 bis 2 Honigeimer
- großen Topf
- großes Nudelsieb
- grobes, lebensmittelechtes Nylon-Honigsiebtuch (alternativ gut gereinigtes Fliegennetz)
- feineres, lebensmittelechtes Nylon-Honigsiebtuch (z. B. Seihtuch nach Imkermeister Schundau)
- Frischhaltefolie
- Teigschaber (zum Ausschaben der Honiggefäße)
- ggf. Kartoffel- oder Obstpresse
- 30 bis 40 Honiggläser (à 500 g)

Honigzellen entdeckeln und zerkleinern

Für die Honiggewinnung brauchen Sie einen geschlossenen, bienen- und wespendichten(!), sauberen und geruchsneutralen Raum. Schneiden Sie die Honigwaben mit einem Messer aus den Rähmchen oder von den Oberträgerleisten. Falls sich irgendwo doch eine kleine Stelle mit Brut befinden sollte, schneiden Sie diesen Bereich heraus. Sammeln Sie die Honigwaben in einem großen Eimer oder Topf.

Damit der Honig gut aus den Zellen fließen kann, müssen alle verdeckelten Zellen geöffnet oder zerkleinert werden. Das geht am besten, wenn Sie mit einem Löffel die Honigzellen beidseitig bis zur Mittelwand abschaben. Bienenbrot, also eingelagerter Pollen, der sich in einigen Zellen befinden kann, rühren Sie einfach unter!

Wachs und Honig trennen

Lassen Sie das zerkleinerte Wachs-Honig-Gemisch durch das grobe Nylonnetz – Ihren ersten Filter – in ein Auffanggefäß fließen. Dafür legen Sie das Netz in ein großes Nudelsieb oder hängen es irgendwo auf, damit der Honig gut abtropfen kann. Nach einigen Stunden ist der Honig durchgelaufen.

Gut zu wissen

Mit einer Kartoffel- oder Obstpresse können Sie den Resthonig aus den zurückbleibenden Wachsstückchen pressen. Alternativ funktioniert auch eine aus zwei Brettern und Schraubzwingen selbstgebaute Presse.

Wenn Ihnen kleine Wachskrümel im Honig nichts ausmachen, können Sie den grob gefilterten Honig gleich in Gläser füllen. Oder Sie filtern ein zweites Mal durch das feinere Honigseihtuch. Dieser zweifach gefilterte Honig bleibt zwei oder drei Tage lang stehen, bis sich oben eine leicht schaumige Schicht abgesetzt hat. Diese Schicht lässt sich mit einem Stück Frischhaltefolie entfernen: Folie flach auf die Honigoberfläche legen und vorsichtig abziehen. Eine ähnlich einfache und sehr gute Anleitung zur Honiggewinnung finden Sie auf www.bienenkiste.de.
Da ihr Honig naturgemäß früher oder später auskristallisiert, dürfen Sie nicht allzu lange mit dem Abfüllen warten. Mögen Sie lieber cremigen Honig? Dann sollten Sie ihn noch etwa eine Woche lang cremig rühren (Seite 32), bevor er in die Gläser kommt.

... und ab ins Glas

Honig nimmt nicht nur schnell Feuchtigkeit auf, sondern auch Fremdgerüche. Also auf keinen Fall Gurkengläser verwenden! Spülen Sie die Gläser vor dem Befüllen kurz durch und trocknen Sie sie gut ab. Für Scheibenhonig legen Sie ein Stück Naturhonigwabe in ein Glas und füllen es mit gefiltertem Honig auf. Mit einem individuell gestalteten Etikett können Sie unterstreichen, dass Ihr eigener Honig etwas ganz Besonderes ist. Wollen Sie Ihren Honig verkaufen, müssen Sie aber bei den Angaben auf dem Etikett ein paar Richtlinien beachten.

Das einwandfreie Etikett

Honig ist theoretisch ewig haltbar. Auf ein korrektes Etikett gehört dennoch ein Mindesthaltbarkeitsdatum. Üblich ist eine Haltbarkeitsangabe von zwei Jahren. Außerdem müssen Sie „Honig" (oder „Blütenhonig", „Mischhonig" ...) darauf schreiben, das Herkunftsland, die korrekte Mengenangabe, eine Loskennzeichnung und Ihren Namen samt Anschrift.

Wachs gewinnen

Aus den ausgepressten Wachsstückchen können Sie reines Bienenwachs gewinnen. Erwärmen Sie das Wachs mit Wasser in einem alten Topf. Das Wachs schmilzt sehr schnell und wird mit einem Sieb oder dem Nylonnetz-Filter von Rückständen getrennt.
Lassen Sie den Topf langsam abkühlen. Ein honiggelber, wunderbar duftender Bienenwachsblock lagert sich auf der Wasseroberfläche ab. Daraus können Sie Mittelwände gießen lassen. Oder sie stellen Kerzen her und holen sich an kalten, grauen Tagen den honigsüßen Duft des letzten Sommers ins Haus!

Das Honigklären mit einer Frischhaltefolie.

Die Sommerernte hat ungefähr 30 Gläser Honig ergeben …

… und der Honig der 30 Gläser Sommerrente war in rund 300 g Bienenwachs gelagert.

Herbst: letzte Tracht und letzte Brut

Das Bienenvolk wird immer kleiner. Die letzten Sommerbienen sterben und es gibt nur noch wenig Brut. Die Tage werden kühler und kürzer und der Flugbetrieb hat deutlich abgenommen. Die Bienen machen ihren Stock nun winterfest, indem sie ihn gegen Zugluft, Kälte und Nässe mit Propolis abdichten.

Im Herbst blüht nicht mehr so viel und die Bienen fliegen die letzten Trachtpflanzen an, wie zum Beispiel die Goldrute.

Tracht im Herbst

Senf, Efeu, Goldrute und Phacelia liefern jetzt nochmal viel Pollen, das als wichtige Eiweißnahrung für die Winterbienen sowie für die erste Brut im nächsten Frühjahr eingetragen wird. Ansonsten blühen Herbstzeitlose, Dahlie und Buchweizen.

Die langlebigen Winterbienen brauchen jetzt nochmal viel Pollen, um sich einen guten Winterspeck anfressen zu können.

Wehrhaft, aber nicht stechlustig

Die Bienen sind zu dieser Jahreszeit aggressiver und müssen immer häufiger Räuber abwehren. Doch weder Bienen noch Wespen sind von Natur aus stechlustig. Sie stechen nur, wenn sie sich bedroht fühlen und wenn wir hektische und für sie unberechenbare Abwehrbewegungen machen. Verhalten Sie sich dagegen ruhig, werden Sie schnell merken, wie friedlich Ihre Bienen sind.

»

Ich bin zwar nicht besonders glücklich, wenn ich gestochen werde – zumal es bei mir extrem anschwillt, doch solange sich meine Bienen zu wehren wissen, bin ich auch irgendwie beruhigt.

Gestochen worden, was nun?

Wenn eine Biene sticht, wird ein Duft freigesetzt, der Stockgenossinnen alarmiert. Im Falle eines Stichs entfernen Sie sich am besten erstmal vom Stock, bevor noch weitere Verteidigerinnen kommen. Den Stachel sollten Sie gleich entfernen. Aber nicht drücken, da sich sonst die gesamte Giftblase in die Wunde entleert. Schieben Sie den Stachel vorsichtig mit dem Daumennagel heraus und behandeln Sie die Stelle so schnell wie möglich mit einer aufgeschnittenen Zwiebel oder mit Salben wie Fenistil. Kühlen lindert den Schmerz.

Was Sie als Imker tun

Steht Ihre Beute stabil? Vielleicht sichern Sie sie nochmal mit Spanngurten gegen mögliche Herbststürme ab. Kontrollieren Sie am besten mit Ihrem Imkerpaten, ob Ihr Volk genügend Honigvorräte hat. Wenn Sie noch einmal auffüttern, hängen Sie überschüssige Honigwaben aus einem anderen Volk ein. Eine Zuckerwasserfütterung wird ab Mitte September nicht mehr gemacht. Passen Sie den Raum in der Beute der Volksstärke an, indem Sie überschüssige Rähmchen oder Zargen entnehmen.

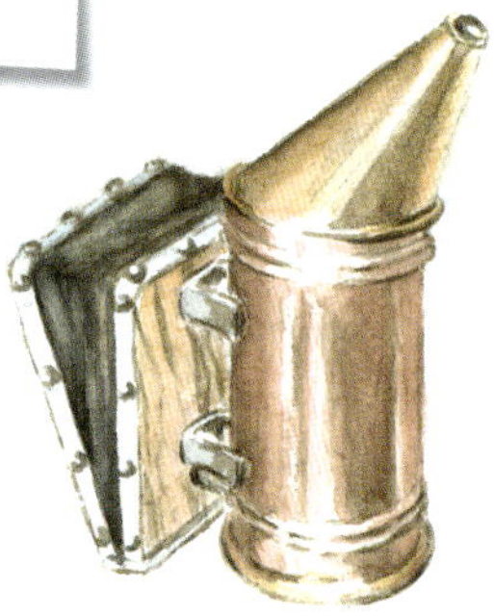

Vorsicht Räuberei

Vor allem im Spätsommer und Herbst kann es zu Räuberei kommen und schwache Bienenvölker werden von Wespen oder stärkeren Bienenvölkern ausgeraubt. Verkleinern Sie das Flugloch, damit die Wächterbienen Eindringlinge leichter abwehren können.
Doch wie ist Räuberei zu erkennen? Wenn Sie ganz plötzlich einen sehr hohen Flugverkehr bei Ihrem Volk beobachten, sind wahrscheinlich fremde Bienen auf Raubzug. Engen Sie das Flugloch noch weiter ein, sodass nur noch Platz für eine einzelne durchschlüpfende Biene ist. Im Notfall müssen Sie die Beute zeitweise an einen anderen Ort stellen.
Der Honigvorrat lockt nicht nur Insekten an, auch für Mäuse ist ein Bienenstock sehr attraktiv. Wenn es ab Mitte Oktober kalt wird und die Bienen kaum noch fliegen, sollten Sie das Flugloch zur besseren Durchlüftung wieder komplett öffnen und gegen Mäuse mit einem Gitterdraht absichern. Der Mäuseschutz wird vor dem Flugloch angebracht. Alternativ geht auch ein Drahtgitter mit einem 6,5-mm-Lochdurchmesser.

Hier wurde das Flugloch mit Klebeband verkleinert, um das Volk vor räuberischen Bienen zu schützen.

Mäusemumie

Ob die alten Ägypter diesen Trick von den Bienen abgeschaut haben? Eine räubernde Maus im Bienenstock wird von den Bienen totgestochen, vorausgesetzt sie befinden sich noch nicht in der Wintertraube. Die Bienen können die tote Maus nicht mehr herausschaffen.
Also mumifizieren sie den Leichnam mit Propolis und Wachs, um die Verwesung und Verbreitung von Krankheitserregern zu verhindern.

Winter: Rückzug in die Wintertraube

Bei anhaltendem Frost stellt die Königin das Eierlegen ein und je nach Volk und Witterung kann eine bis zu zweimonatige brutfreie Zeit folgen. Die Bienen sitzen nun eng beieinander und wandern langsam über ihre Honigvorräte. So zehren sie von der Energie des Sommers, um sich im Winter warm zu halten.

Kuschelig warm

„Vollgetankt" mit Honig erzeugen die Arbeiterinnen im Inneren der Wintertraube mit ihrer Flugmuskulatur Wärme. Selbst bei klirrendkalten Außentemperaturen herrschen im Inneren der Wintertraube rund 20 °C! Wenn Brut gepflegt wird, heizen sie den Brutbereich sogar auf die notwendigen 35 °C auf. Die äußeren, dicht an dicht sitzenden Bienen schirmen die Traube gegen Kälte ab. Sie wechseln regelmäßig die Position mit den inneren Bienen.

Was Sie als Imker tun

Ihre Bienen brauchen jetzt vor allem Ruhe. Die Beute sollte auf keinen Fall mehr unnötig geöffnet werden, sonst entweicht zu viel Wärme. Kontrollieren Sie ab und zu das Flugloch und befreien es bei Bedarf von Schnee, Eis oder toten Bienen. Die Wachskrümel auf dem Bodenbrett stammen von den aufgenagten Zelldeckeln der Honigvorräte. So können Sie Größe und Sitz der Wintertraube über das Gemüll erkennen.

Ungefähr drei Wochen nach den ersten Nachtfrösten ist es Zeit für die Winterbehandlung mit Oxalsäure (Seite 111). Denn dann ist Ihr Volk brutfrei – meist zwischen Mitte November und Ende Dezember.

Meist sitzt die Traube auf vier bis sechs Waben. Diese Wintertraube erstreckt sich über sieben Waben. Im Winter sollte die Beute nur ganz kurz geöffnet werden und nur, wenn es unbedingt sein muss.

Entwicklungswechsel zur Wintersonnenwende

In den Tagen rund um die Wintersonnenwende am 21. Dezember findet im Bienenvolk erneut ein allmählicher Entwicklungswechsel statt: Die Phase des Zusammenzugs (Seite 85) ist beendet und das Volk dehnt sich langsam wieder aus. Es kann also sein, dass die Königin bereits Eier legt, wenn die Tage länger werden. Sie sollten demnach nicht zu lange mit der Oxalsäurebehandlung warten!

Frühjahr: Natur und Volk erwachen

An den ersten warmen Tagen fliegen die Bienen aus, um ihre übervolle Kotblase zu leeren. Beim Frühjahrsputz wird das Wintergemüll aus dem Stock transportiert. Die Königin legt immer mehr Eier, die Arbeiterinnen sammeln Pollen und Wasser für die Brut und heizen das Brutnest auf 35 °C. Der Honigbedarf im Volk steigt. Die ersten Sommerbienen schlüpfen und lösen die Winterbienen ab.

Heizerbienen stecken kopfüber in leeren Zellen, um mit Hilfe ihrer Flugmuskulatur das Brutnest auf 35 °C zu erhitzen. Sie heizen etwa eine halbe Stunde lang, bis sie erschöpft sind und von einer anderen Arbeiterin erneut mit Honig „vollgetankt" werden.

Tracht im Frühjahr

Haselnuss und Weide sind die wichtigsten Pollenspender zu Jahresbeginn. Auch Schneeglöckchen, Winterling, Krokus und Kornelkirsche gehören zu den Frühtrachten. Frühlingserwachen pur: Stellen Sie sich einfach mal unter eine blühende Weide und lauschen dem Summen!

Keine weiße Wäsche!

Informieren Sie Ihre Nachbarn, dass sie an den ersten warmen Tagen im Jahr besser keine helle Wäsche im Freien aufhängen sollten. Da gesunde Bienen niemals im dunklen Stock abkoten, wählen sie gern helle Flächen für ihre frühjährlichen Reinigungsflüge …

Was Sie als Imker tun

Solange es noch kalt ist, sollten Sie die Beute nicht öffnen, damit nicht zu viel Wärme entweichen kann. An den ersten wärmeren Tagen können Sie die erste Volksdurchsicht machen: Sie passen den Raum in der Beute der Volksgröße an und kontrollieren – am besten zusammen mit Ihrem Imkerpaten – den Futtervorrat. Wenn Sie zufüttern müssen, geht das im Frühjahr nur mit eigenem Honig oder mit Futterwaben aus anderen, starken Völkern.

Prüfen Sie, ob Brut in allen Stadien – Eier, Larven, verdeckelte Zellen – vorhanden ist. Das zeigt, dass die Königin den Winter gut überstanden hat. Sind dagegen nur buckelförmige Drohnenbrutzellen (Seite 15) zu erkennen, hat die Königin wahrscheinlich nicht überlebt und Arbeiterinnen sind zu Drohnenmütterchen geworden (Seite 117).

»

Seit ich Bienen habe, ist für mich das Wiedererwachen der Natur im Frühjahr noch beeindruckender. Die ersten Orientierungs- und Reinigungsflüge der Bienen, die mit Pollen schwer bepackten Sammlerinnen … das macht einfach glücklich!

Schutz und Gesundheitspflege

Weniger erfreulich, aber leider unvermeidlich: Damit es Ihren Bienen gut geht, sollten Sie die wichtigsten Bienenkrankheiten kennen, einen Blick für Notsituationen entwickeln und wissen, wie Sie Ihr Volk erfolgreich gegen die Varroamilbe behandeln.

»

Gesunde und vitale Bienenvölker machen jeden Imker glücklich. Deswegen ist es für mich wichtig, meine Bienen so wenig wie möglich zu stressen und regelmäßig nach ihnen zu schauen. Denn so kann ich erkennen, ob die Varroabelastung zu hoch ist, sie Hunger leiden, ausgeräubert werden oder womöglich weisellos sind.

Varroose

Die am meisten gefürchtete Bienenkrankheit ist die Varroose – ausgelöst durch den starken Befall eines Volkes mit der Milbe *Varroa destructor*. Die Milbe überträgt unter anderem bienenschädigende Viren.Völker, die nicht gegen die Milbe, die auch bienenschädigende Viren überträgt, behandelt werden, kollabieren meist früher oder später.

Ein eingeschleppter Schädling

Die ungefähr 1,5 mm große *Varroa destructor* lebt als Parasit in Bienenvölkern und kam ursprünglich nur in Asien vor. Der globale Handel mit Bienenvölkern und Königinnen führte jedoch dazu, dass heute weltweit Bienenvölker befallen sind – außer in Australien. In den 1960/70er Jahren entdeckte man die Varroamilbe erstmals in Europa. Während die asiatische Honigbiene sich im Laufe der Evolution an den Parasiten gewöhnt hat, ist unsere Europäische Honigbiene mit dem plötzlichen Auftauchen der Milbe überfordert.

Varroamilbe auf Drohnenbrut.

Gefährliche Blutsauger

Die Milbe ernährt sich vom Körpersaft der Bienen und Bienenlarven. Befallene Bienen sind leistungsschwächer und leben nicht so lange. Außerdem können über die Bissstellen gefährliche Viren von den Milben übertragen werden. Das Flügeldeformationsvirus (Deformed Wing Virus: DWV) zum Beispiel führt dazu, dass Jungbienen mit verkrüppelten Flügeln schlüpfen.

Drohnen bevorzugt

Varroamilben vermehren und entwickeln sich in verdeckelten Brutzellen. Da Drohnen die längste Entwicklungszeit haben (Seite XX), suchen die Milben bevorzugt Drohnenbrutzellen auf. Im Spätsommer läuft die Drohnenbrut allmählich aus. Deswegen kann in dieser Zeit der Milbenbefall im Volk sehr hoch sein und Sie müssen gegebenenfalls die Sommerbehandlung mit Ameisensäure durchführen.

Als zusätzliche Varroabekämpfung schneiden viele Imker Drohnenbrut.

Varroamilben im Griff

Honigbienen haben bisher keine Strategien entwickelt, sich gegen die Milbe zu behaupten. Seit Jahrzehnten suchen Imker und Wissenschaftler schonende Behandlungsmethoden, aber ohne durchschlagenden Erfolg. So muss der Imker den Milbenbefall seiner Völker stets im Blick haben und bei Bedarf handeln.

Befallskontrolle

Bevor Sie eine Varroabehandlung durchführen, sollten Sie den Milbenbefall in Ihrem Volk kontrollieren. Behandeln Sie nicht einfach prophylaktisch, denn jede Behandlung bedeutet Stress für Ihre Bienen. Fragen Sie am Anfang Ihren Imkerpaten um Rat.

Im Gemüll gut erkennbar: die Varroamilbe samt Pollen und von den Bienen ausgeschwitzteWachsplättchen.

Lesen im Gemüll

Über das ausziehbare Bodenbrett, auch Windel genannt, prüfen Sie ganzjährig das Gemüll aus abgenagten Honig- und Brutzellendeckeln, verlorenen Wachsplättchen und Pollenhöschen. Manchmal fallen auch auch Eier und tote Bienen, durch den Gitterboden – und tote Varroamilben! Sie verraten Ihnen die Varroabelastung im Volk. Je nach Jahreszeit gibt es unterschiedliche Grenzwerte: im Sommer maximal 5 bis 10 Milben am Tag, im Winter nicht mehr als 0,5 Milben pro Tag. Sie machen eine zeitnahe Behandlung erforderlich. Problematisch sind oft Ameisen: Sie tragen die toten Milben von der Windel und verfälschen die Befallskontrolle. Das Wegschleppen der Milben lässt sich verhindern, wenn Sie auf dem Bodenbrett in Öl getränktes Küchenkrepp auslegen.

Puderzuckermethode

Die zuverlässigere Befallskontrolle ist die Puderzuckermethode. Dafür bepudern Sie rund 50 g Bienen in einem Schüttelbecher mit trockenem, feinem Puderzucker. Nachdem sich der Puderzucker gut auf allen Bienen verteilt hat, schütteln Sie den Zucker samt den von den Bienen abfallenden Milben in eine helle Schüssel. Die Bienen überstehen das Ganze unbeschadet. Sie werden zurück in die Beute gegeben und dort von anderen Bienen geputzt. Damit Sie die im Puderzucker versteckten Milben gut zählen können, lösen Sie den Zucker einfach mit etwas Wasser auf oder sieben den Puderzucker ab.

Tipp
Eine ausführliche und bebilderte Anleitung der Puderzuckermethode finden Sie unter www.bienenkiste.de, ein Video gibt es vom Bieneninstitut Kirchhain auf YouTube („Varroa-Befallskontrolle mit Puderzucker“).

Varroabehandlung

Wenn die Befallskontrolle zu viele Milben ergeben hat, müssen Sie behandeln. Im Sommer werden die Völker mit Ameisensäure behandelt, im brutfreien Zustand im Winter mit Oxalsäure. Oxalsäure kann auch bei Schwärmen angewendet werden, bevor verdeckelte Brutzellen angelegt sind. Die Behandlungen mit Thymol beziehungsweise mit Bienenwohl oder Milchsäure sind umstritten. Haben Sie Imker in der Nachbarschaft? Dann sollten Sie sich über den Behandlungszeitpunkt abstimmen. Denn wenn nur einer von Ihnen behandelt, kann es schnell zu Reinfektionen kommen.

Sommerbehandlung mit Ameisensäure

Da das Bienenvolk im Spätsommer noch Brut aufzieht, wird mit Ameisensäure behandelt. Im Gegensatz zur Oxalsäure dringt Ameisensäure in die verdeckelten Brutzellen ein. Die Spätsommerbehandlung soll das Volk stabilisieren, damit gesunde und überwinterungsfähige Winterbienen heranwachsen können. Empfehlenswert ist eine Langzeitbehandlung mit dem Nassenheider Verdunster.

Dafür brauchen Sie:

- Nassenheider Verdunster mit Nachrüstsatz horizontal (Imkerfachhandel)
- 60%ige Ameisensäure ad us. vet. (Imkerfachhandel oder Apotheke)
- Schutzbrille und säurefeste Handschuhe (Ameisensäure ist stark ätzend!)
- Eimer mit Wasser (um bei Bedarf Säurespritzer zu entfernen)

Die Handhabung ist einfach und wird ausführlich auf dem Beipackzettel des Verdunsters beschrieben. Da der Erfolg der Behandlung von den Außentemperaturen abhängt, sollten Sie die Wetterlage der nächsten Tage im Blick haben oder auf www.varroawetter.de prüfen. Beobachten Sie während und nach der Behandlung den Milbenfall. Wenn die Behandlung nicht erfolgreich war, ist gegebenenfalls eine zweite Behandlung nötig.

Gut zu wissen

Die Varroabehandlung mit Ameisensäure machen Sie am besten **kurz nach**, jedoch niemals **vor** der Honigernte!

Mit dem Nassenheider Verdunster verdampft Ameisensäure gleichmäßig über einen längeren Zeitraum.

Oxalsäure wird mit Hilfe einer Einwegspritze gleichmäßig in die Wabengassen geträufelt.

Winterbehandlung mit Oxalsäure

Mit der Oxalsäurebehandlung im Winter werden die Völker komplett entmilbt, damit die Bienen gesund die kalte Jahreszeit überstehen. Es gibt mehrere Methoden. Für die Träufelmethode brauchen Sie:

- 3,5%ige Oxalsäuredihydrat-Saccharose-Lösung (von OXUVAR®)
- 50-ml-Einwegspritze
- Schutzbrille, Schutzhandschuhe, Eimer Wasser

Je nach Größe des Volkes geben Sie 30 bis 50 ml Lösung mit der Spritze möglichst gleichmäßig in die bienenbesetzten Wabengassen. Durch ihren Putztrieb verteilen die Bienen die Säure-Zucker-Mischung in der ganzen Wintertraube. Die Träufelmethode darf nicht wiederholt werden, da sie für die Bienen zu belastend ist.

Verdampfen und Sprühen

Viele Imker bevorzugen das bienenverträglichere Verdampfen von kristallinem Oxalsäuredihydrat mit dem mittels Autobatterie betriebenen Löffelverdampfer (von Varrox®). Hierbei muss die Beute nicht geöffnet werden, sodass die Stockluft in den kalten Monaten nicht entweicht. Allerdings ist diese Methode – genauso wie das Sprühen von Oxalsäure – in Deutschland bislang nicht zugelassen.

Weitere Bienenkrankheiten

Sind Völker durch einen starken Varroabefall, Hunger, mangelhafte Ernährung, Pestizide oder unerkannte Weisellosigkeit geschwächt und gestresst, dann sind sie besonders krankheitsanfällig. Hier ein kurzer Überblick über die häufigsten Bienenkrankheiten.

Krankheiten der Bienenbrut

Amerikanische Faulbrut (AFB)

- Auch bösartige Faulbrut genannt.
- Durch das sporenbildende Bakterium *Paenibacillus larvae* verursacht.
- Gelangt häufig über infizierten Honig in die Brut.
- Krankheitsbild: Stark lückenhaftes Brutnest, vereinzelte verdeckelte Brutzellen, eingesunkene löchrige Brutdeckel.
- Streichholzprobe: Die Larve in den verdeckelten Zellen hat sich in eine bräunliche, unangenehm (nach Leim) riechende Masse zersetzt, die Fäden zieht.
- Bei Verdacht: Futterkranzprobe einschicken.
- Anzeigepflichtige Tierseuche in Deutschland und Österreich (in der Schweiz meldepflichtig): Benachrichtigung des Veterinäramts, Sperrgebiete werden verhängt.

AFB-Sporen können sich durch weltweiten Honighandel verbreiten! Deswegen niemals (!) das Volk mit fremdem Honig füttern! Auch sollten Bienen keinen Zugang zu entsorgten Honiggläsern haben – etwa in offenen Mülleimern oder im Altglascontainer.

Europäische Faulbrut (EFB)

- Auch Sauerbrut genannt.
- Weniger gefährlich als AFB.
- Durch das Bakterium *Melissococcus plutonius* ausgelöst.
- Gelangt häufig über infizierten Honig in die Brut.
- Krankheitsbild: Stark lückenhaftes Brutnest, Rundmaden färben sich mattgelb, später dunkelbraun und liegen verdreht am Zellenboden.
- Nicht fadenziehend, aber säuerlicher Geruch!

Kalkbrut

- Durch den Pilz *Ascosphaera apis* verursacht.
- Pilzsporen im Futter gelangen über die Ammenbienen in die Brut.
- Krankheitsbild: Stark lückenhaftes Brutnest, Larven liegen vertrocknet in ihren Zellen oder die „Kalkmumien“ werden von den Putzbienen aus den Zellen geräumt.

Wenn Sie eine Krankheit in Ihrem Volk bemerken oder vermuten, sollten Sie sich unbedingt Rat und Hilfe bei Ihrem Imkerpaten holen! Oft kann das Volk saniert werden. Bricht Ihr Volk jedoch unbemerkt zusammen, werden räubernde Völker mitangesteckt.

Positive Streichholz-probe: Das Volk ist an AFB erkrankt.

Vertrocknete „Kalkmumien“ in den Zellen weisen auf Kalkbrut hin.

Krankheiten der erwachsenen Bienen

Ruhr

- Durchfallerkrankung bei überlasteter Kotblase.
- Ausgelöst durch schlechtes Futter oder ballaststoffreichen Waldhonig im Winter.
- Krankheitsbild: Fluglochbereich, Waben und Beutenwände mit dunklen Kotspuren.

Nosemose

- Sehr ansteckende Darmkrankheit, auch Nosematose oder Frühjahrsschwindsucht genannt.
- Durch den sporenbildenden einzelligen Parasiten *Nosema apis* verursacht.
- Gelangt durch verseuchtes Wabenwerk in den Stock.
- Krankheitsbild: Verkotete Beute samt Waben, schlechte Frühjahrsentwicklung, krabbelnde oder flugunfähige Bienen mit aufgeblähtem Hinterleib.

Acarapiose

- Erkrankung der Atemwege, auch Tracheenmilbe genannt.
- Durch die parasitierende Milbe *Acarapis woodi* verursacht.
- Krankheitsbild: Flugunfähige, schwache, zitternde Bienen mit abgespreizten Flügeln.
- Varroabehandlung mit Ameisensäure wirkt auch gegen die Tracheenmilbe.

Den Befall der Tracheen mit Acarapis-Milben kann man oft an flugunfähigen Bienen mit unnatürlich gespreizten Flügeln erkennen, so wie hier bei der Biene in der Mitte unterhalb der Königin.

An Nosemose erkrankte Bienen koten auch auf die Waben.

Typisch für einen Varroaschaden sind verlassene Beuten mit reichlich zurückgelassenem Winterfutter.

Von vielen Imkern gefürchtet ist eine zunehmende Ausbreitung des Kleinen Beutenkäfers in Europa, der vor allem schwache Völker töten kann.

Notsituationen erkennen

Geht es meinen Bienen gut? Verhalten sie sich ungewöhnlich? Jeder Anfänger ist unsicher, ob sich alles im Volk mit rechten Dingen abspielt. Mit der Zeit werden Sie bei Volksdurchsichten merken, wenn etwas nicht stimmt. Ebenso lernen Sie das Gemüll (Seite 108 und 109) sowie das Verhalten Ihrer Bienen am Flugloch besser zu deuten.

Fluglochbeobachtungen

- Unruhiges, zielloses Hin- und Herlaufen: Kann auf Weisellosigkeit hindeuten.
- Krabbelnde Bienen mit verkrüppelten Flügeln: Varroose!
- Krabbelnde Bienen mit aufgeblähtem Hinterleib: Verdacht auf Nosemose.
- Zitternde Bienen mit abgespreizten Flügeln: Verdacht auf Acarapiose.
- Plötzlich auftauchender, sehr reger Flugbetrieb bei einem eher schwachen Volk: Räuberei!
- Im Frühjahr wird viel Pollen eingetragen: Das Volk versorgt die erste Brut.
- Schwerfällig landende Flugbienen mit herabhängendem Hinterleib: Sammelbienen mit voller Honigblase.
- Schnelles, zielsicheres Ein- und Ausfliegen: Bienen haben eine gute Trachtquelle entdeckt.
- Üppiger Duft strömt aus dem Flugloch: Gute Tracht, Nektar wird zu Honig verarbeitet.

Gut zu wissen
Das Buch „Am Flugloch" von Heinrich Storch führt zahlreiche weitere Beobachtungen am Flugloch und Erklärungen dazu auf.

Sterzelnde Bienen erkennen Sie am angehobenen Hinterteil, der ausgestülpten Duftdrüse und den ventilierenden Flügeln. Sie verbreiten den stocktypischen Duft, an dem sich heimkehrende Bienen orientieren.

Sind im ganzen Stock nur noch buckelförmige Drohnenbrutzellen zu erkennen, hat das Volk seine Königin verloren und Drohnenmütterchen haben das Eierlegen übernommen..

Nachschaffung

Stirbt plötzlich die Königin, herrscht Not im Volk. Doch es gibt eine Überlebenschance, solange im Bienenstaat noch junge Rundmaden vorhanden sind. Da jede Larve in den ersten drei Tagen mit dem hochwertigen Königinnenfuttersaft Gelée Royale gefüttert wird (Seite 14), kann aus einer noch jungen Arbeiterinnenlarve eine Königin nachgeschaffen werden. Die Rundmade bekommt – wie es sich für eine Königin gehört – weiterhin Gelée Royale und ihre Kinderstube wird nach unten erdnussförmig ausgebaut. Deswegen befinden sich Nachschaffungszellen oft in der Mitte einer Wabe und nicht am unteren Rand, wie sonst für Weiselzellen üblich.

Drohnenmütterchen

Gibt es in einem weisellosen Volk hingegen keine jungen Larven mehr, entwickeln sich Arbeiterinnen zu Drohnenmütterchen. Da sie nicht begattet sind, legen sie unbefruchtete Eier, aus denen ausschließlich Drohnen schlüpfen werden. Man sagt: Das Volk ist drohnen- oder buckelbrütig, was Sie gut an den vielen buckelförmigen Brutzellen erkennen können (Seite 43). Wenn die Notsituation von Ihnen als Imker nicht erkannt wird, hat das Volk keine Überlebenschance.

Volk abwischen

Notfalls lösen Sie das weisellose, buckelbrütige Volk auf: Geben Sie Rauch, damit sich die Bienen mit Honig vollsaugen. Dann fegen Sie das Volk an einem warmen Tag in der Nähe anderer Bienenvölker von den Waben. Mit voller Honigblase können sich Ihre Bienen nun in anderen Völkern einbetteln. Die leere Beute muss entfernt werden, damit die Bienen nicht zurückfliegen.

Was Sie noch für Bienen tun können

Als Imker leisten Sie bereits einen wunderbaren Beitrag für die Bienen und die Natur. Sie wollen gerne noch mehr tun? Hier ein paar nachhaltige Ideen ...

Trachtpflanzen und Bienenweiden

Pflanzen Sie in Ihren Garten oder auf öffentlichen Freiflächen einheimische Stauden, Bäume und Sträucher, die das ganze Jahr über genügend Nektar und Pollen liefern. Was Sie wissen sollten: In den zahlreichen Gartencenterbroschüren werden massenhaft überzüchtete Pflanzen mit verkümmerten Nektarien und maximal großen Blütenblättern oder „gefüllten Blüten" angeboten. Sie bieten keinerlei Nahrung für Insekten.

Wertvolle Früh- und Spättrachten

Gibt es genügend Frühblüher wie Weiden, Krokus, Märzenbecher und Winterling in der Umgebung? Weiden lassen sich vor dem Laubaustrieb gut über Stecklinge vermehren. Sorgen Sie am besten für mehrere nacheinander blühende Weidenarten in der Nähe Ihres Bienenstandortes, denn im Frühjahr können die Bienen noch nicht so weite Strecken fliegen.
Als späte Pollenspender können Sie Goldrute, Phacelia, Senf und Herbstaster pflanzen. Diese sind für die langlebigen Winterbienen sehr bedeutend. Vielleicht haben Sie ja auch Lust auf eine mit Efeu begrünte Hauswand?

Netzwerk Blühende Landschaft

Seit 2003 macht sich das Netzwerk Blühende Landschaft dafür stark, dass Honigbienen und andere bedeutende Bestäuberinsekten ein möglichst ganzjähriges Nahrungsangebot und damit eine Lebensgrundlage haben. Auf www.bluehende-landschaft.de können

Mit Saatgutmischungen vom Netzwerk Blühende Landschaft können Sie es für Bienen, Hummeln und Co. blühen lassen.

Sie bienenfreundliche Saatgutmischungen speziell für Ihre Region bestellen und erfahren, wie Sie als Imker, Bürger, Gärtner oder Landwirt die Land(wirt)schaft zum Blühen bringen können.

Wir haben es satt!

Imkerei und Landwirtschaft gehören zusammen. Ohne Bienen, kein Ertrag. Ohne Nutz- und Wildpflanzen, nicht genügend Futter für die Bienen. Allerdings ist die durch die vorhandene Agrarpolitik geförderte intensive Landwirtschaft im wahrsten Sinne des Wortes Gift für unsere Bestäuberinsekten sowie für unsere natürlichen Ressourcen.
Deswegen kämpfen Landwirte, Imker, zahlreiche Umweltschutzverbände und kritische Verbraucher auf Großdemonstrationen, Kongressen sowie vor Gericht für eine Agrarwende – weg von der Agrarindustrie hin zu einer nachhaltigen, ökologischen und bienenfreundlichen Landwirtschaft („Wir haben es satt!“, Bündnis zum Schutz der Bienen, Bienenschutz.org ...).

Direkt vom Erzeuger

Wer Honig direkt vom Imker und Gemüse und Obst vom Ökobauern kauft, unterstützt nicht eigene Gesundheit, die Imker und die bäuerliche Landwirtschaft vor Ort. Das hilft letztlich den Bienen, der Natur, Artenvielfalt und der Fruchtbarkeit unserer Böden ...

Service

Lesestoff und Wissenswertes für Bienenfans

Bienenwissen

- Imhoof, Markus/Lieckfeld, Claus-Peter (2013): More Than Honey. **Vom Leben und Überleben der Bienen**. Orange-press, Freiburg.
- Maeterlinck, Maurice (2011): **Das Leben der Bienen.** Unionsverlag, Zürich.
- Seeley, Thomas (2014): **Bienendemokratie. Wie Bienen kollektiv entscheiden und was wir davon lernen können.** S. Fischer Verlag, Frankfurt am Main.
- Tautz, Jürgen (2007): **Der Bien – Superorganismus Honigbiene.** 2-CD-Set. Supposé Verlag, Berlin.
- Tautz, Jürgen/Heilmann, Helga R. (2007): **Phänomen Honigbiene.** Springer-Verlag, Heidelberg.
- **www.hobos.de** (Auf der interaktiven Webseite der Universität Würzburg gibt es unter „Wissen" das sehr informative „Lexikon des Verhaltens" zur Honigbiene.)

Einstieg in die Imkerei

- Frölich, Guido (2014): **Imkern in der Oberträgerbeute**. Verlag Eugen Ulmer, Stuttgart.
- Klein, Erhard Maria (2015): **Wesensgemäße Bienenhaltung in der Bienenkiste: Lernen von der Natur –Imkern mit Respekt.** Pala-Verlag, Darmstadt
- Klein, Erhard Maria (2012): **Die Bienenkiste: Selbst Honigbienen halten – einfach und natürlich**. Pala-Verlag, Darmstadt.
- Kohfink, Marc-Wilhelm (2010): **Bienen halten in der Stadt.** Verlag Eugen Ulmer, Stuttgart.
- Lampeitl, Franz (2012): **Bienen halten**.
- Lehnherr, Matthias (2013): **Imkerbuch**. Aristaios-Verlag, Basel.
- Ritter, Wolfgang (2014): **Bienen naturgemäß halten.** Verlag Eugen Ulmer, Stuttgart.
- Spürgin, Armin (2012): Die Honigbiene:

Vom Bienenstaat zur Imkerei. Verlag Eugen Ulmer, Stuttgart.
- von Orlow, Melanie (2014): **natürlich Imkern in Großraumbeuten**. Verlag Eugen Ulmer, Stuttgart.

Zum Bienensterben

- **Bye Bye Biene? Das Bienensterben und die Risiken für die Landwirtschaft in Europa** (kostenlose Greenpeace-Publikation, im Netz erhältlich)
- Daniels, Mark (2010): **Das Geheimnis des Bienensterbens** (Film)
- Henein, Maryam/George Langworthy (2009): **Vanishing of the Bees** (Film)
- Imhoof, Markus (2012): **More Than Honey** (Film)
- Siegel, Taggart (2010): Queen of the Sun: **What Are the Bees Telling us?** (Film)w

Nachhaltige, ökologische & bienenfreundliche Bewegungen

- www.wir-haben-es-satt.de, www.meine-landwirtschaft.de, www.solidarische-landwirtschaft.org (Bewegungen für eine nachhaltige, ökologische Landwirtschaft)
- www.bienen-gentechnik.de, www.bienen-landwirtschaft.de (Bündnis zum Schutz der Bienen)
- Bienenschutz.org (Greenpeace)
- www.bluehende-landschaft.de (Netzwerk Blühende Landschaft)
- www.BeeGood.de (Bienenpatenschaften, auch von verschiedenen Imkereien und von BienenBox.de angeboten)
- www.aurelia-stiftung.de (Öffentlichkeitsarbeit, Projekte und Lobbyarbeit zum Wohl der Bienen)
- www.boelw.de (Bund Ökologische Lebensmittelwirtschaft)
- www.soel.de (Stiftung Ökologie & Landbau)
- www.saveourseeds.org (Save Our Seeds: Initiative für vielfältiges Saatgut, nachhaltige Landwirtschaft und globale Ernährung)

Bienen & Pädagogik

- www.hobos.de (HOneyBee Online Studies: „HOBOS“: interaktives Schulkonzept rund um die Biene)
- www.bienen-schule.de (Bienen machen Schule: Netzwerk, Plattform und Tagung zum Thema Bildung mit Bienen)
- www.beeincontact.de („Be(e) in contact!“: Imker-Projekt der NAJU)

Bildquellen

Arco images/imageBROKER: Seite 34
Bauer Alexander/Shutterstock.com: Seite 18
Colourbox.de: Seite 6/7, 59, 70/71, 73
Dave Massey/Shutterstock.com: Seite 120/121 und vordere Klappe, linke Seite, unten links
Deutscher Bauernverlag/Kathrin Gutmann: Seite 47
Frölich, Guido: Seite 111
Götz Dr., Eva-Maria: Umschlagseite hinten, innen; vordere Klappe, linke Seite, oben links, oben rechts, unten rechts; vordere Klappe, rechte Seite, alle (4); hintere Klappe, linke Seite, unten links, oben rechts, unten rechts; hintere Klappe, rechte Seite, alle (4) sowie Seite 35, 96
Hashagen, Jochen–Netzwerk Blühende Landschaft: Seite 118
Hoch, Elisabeth: Seite 28
Kern, Liane A.: Seite 16/17
Klewitz-Seemann, Silke: Titelfoto, Foto Umschlagrückseite, Umschlagseite vorn innen, sowie Seite 10, 12 zweites von unten, 13, 15 oben, 15 zweites von oben, 20, 21 unten, 26 links, 26 rechts, 31, 36/37, 39, 42, 43, 46, 49 oben, 49 unten,

60, 62, 63, 64, 65, 67 oben, 67 unten, 75 oben, 75 unten, 78, 83, 88, 89, 91, 95 Mitte, 97, 99, 104/105, 106, 107, 116, 117
Lampeitl, Franz: Seite 68, 101
mauritius images/Minden Pictures: Seite 45
Ritter Dr., Wolfgang: Seite 113 oben, 113 unten, 114, 115 oben, 115 Mitte, 115 unten
Sidhe/Shutterstock.com: Seite 15 unten
stocksolutions/Shutterstock.com: Seite 32/33
Sust, Angelika: Hintere Klappe, linke Seite, oben links sowie Seite 1, 2 links, 2 rechts, 3 links, 3 rechts, 4, 8, 9, 12, 19, 21 oben, 22, 23, 24 links, 24 rechts, 25, 27, 29, 38, 41, 44, 51, 52, 53, 54 links, 54 rechts, 55 links, 55 rechts, 56 links, 57, 58, 61 oben, 61 Mitte, 61 unten, 72, 77 links, 77 rechts oben, 77 rechts unten, 79 oben, 79 Mitte, 79 unten, 81, 84, 85, 87, 92 links, 92 rechts, 95 oben, 95 unten, 102, 108, 110, 122

Grafiken und Zeichnungen

Siegfried Lokau, Wattenscheid, zeichnete die dekorativen Elemente im Innenteil.
Helmuth Flubacher, Waiblingen, fertige die Grafiken auf den Seiten 14 und 50.

Register

Haftungsausschluss

Die in diesem Buch enthaltenen Empfehlungen und Angaben sind vom Autor mit größter Sorgfalt zusammengestellt und geprüft worden. Eine Garantie für die Richtigkeit der Angaben kann aber nicht gegeben werden. Autor und Verlag übernehmen keinerlei Haftung für Schäden und Unfälle. Der Verlag Eugen Ulmer ist nicht verantwortlich für die Inhalte der im Buch genannten Webseiten.

Impressum

Bibliografische Information der Deutschen Nationalbibliothek
Die Deutsche Nationalbibliothek verzeichnet diese Publikation in der Deutschen Nationalbibliografie; detaillierte bibliografische Daten sind im Internet über http://dnb.d-nb.de abrufbar.

Wollgrasweg 41, 70599 Stuttgart (Hohenheim)
E-Mail: info@ulmer.de
Internet: www.ulmer-verlag.de
Lektorat: Dr. Eva-Maria Götz
Herstellung: Ulla Stammel
Reproduktionen: Timeray, Herrenberg
Umschlagentwurf: Atelier Reichert, Stuttgart
Innenlayout und Satz: Atelier Reichert, Stuttgart
Druck und Bindung: Westermann Druck GmbH, Zwickau
Printed in Germany

ISBN 978-3-8001-0387-4